MikroComputer-Praxis
DISKETTEN

Becker/Beicher: **TURBO-PROLOG in Beispielen**
Diskette für IBM-PC u. kompatible; TURBO-PROLOG dBASE III plus i. Vorb.

Bielig-Schulz/Schulz: **3D-Graphik in PASCAL**
Diskette für Apple II; UCSD-PASCAL DM 48,–*
Diskette für IBM-PC u. kompatible; TURBO-PASCAL DM 48,–*

Duenbostl/Oudin/Baschy: **BASIC-Physikprogramme 2**
Diskette für Apple II DM 52,–*
Diskette für C 64 / VC 1541, CBM-Floppy 2031, 4040; SIMON'S BASIC DM 52,–*

Erbs: **33 Spiele mit PASCAL**
... und wie man sie (auch in BASIC) programmiert
Diskette für Apple II; UCSD-PASCAL DM 46,–*

Fischer: **COMAL in Beispielen**
Diskette für C 64 / VC 1541; CBM-Floppy 4040, COMAL-80 Version 0.14 DM 42,–*
Diskette für CBM 8032, CBM-Floppy 8050, 8250; COMAL-80 Version 0.14 DM 42,–*
Diskette für IBM-PC u. kompatible; COMAL-80 Version 2.01 DM 42,–*
Diskette für Schneider CPC 464 / CPC 664 / CPC 6128; COMAL-80 Version 1.83 DM 48,–*

Glaeser: **3D-Programmierung mit BASIC**
Diskette für Apple II e, II c und II plus DM 48,–*
Diskette für C 64 / VC 1541, CBM-Floppy 2031, 4040 DM 48,–*

Grabowski: **Computer-Grafik mit dem Mikrocomputer**
Diskette für C 64 / VC 1541; CBM-Floppy 2031, 4040 DM 48,–*
Diskette für CBM 8032; CBM-Floppy 8050, 8250; Commodore-Grafik DM 48,–*

Grabowski: **Textverarbeitung mit BASIC**
Diskette für CBM 8032; CBM-Floppy 8050, 8250 DM 44,–*
Diskette für IBM-PC u. kompatible DM 44,–*

Hainer: **Numerik mit BASIC-Tischrechnern**
Diskette für C 64 / VC 1541; CBM-Floppy 2031, 4040 DM 48,–*
Diskette für IBM-PC u. kompatible DM 48,–*

Holland: **Problemlösen mit micro-PROLOG**
Diskette für Apple II; CP/M; micro-Prolog 3.1 DM 42,–*
Diskette für IBM-PC u. kompatible; micro-Prolog 3.1 DM 42,–*

Hoppe/Löthe: **Problemlösen und Programmieren mit LOGO**
Ausgewählte Beispiele aus Mathematik und Informatik
Diskette für Apple II; IWT-LOGO DM 42,–*
Diskette für C 64 / VC 1541; CBM-Floppy 2031, 4040 DM 42,–*

Könke: **Lineare und stochastische Optimierung mit dem PC**
Diskette für IBM-PC u. kompatible DM 46,–*

Koschwitz/Wedekind: **BASIC-Biologieprogramme**
Diskette für Apple II; DOS 3.3 DM 46,–*
Diskette für C 64 / VC 1541; CBM-Floppy 2031, 4040; SIMON'S BASIC DM 46,–

Lehmann: **Fallstudien mit dem Computer**
Markow-Ketten und weitere Beispiele aus der Linearen Algebra und Wahrscheinlichkeitsrechnung
Diskette für Apple II; UCSD-PASCAL DM 44,–*
Diskette für IBM-PC u. kompatible; TURBO-PASCAL DM 44,–*

Lehmann: **Lineare Algebra mit dem Computer**
Diskette für Apple II; UCSD-PASCAL DM 46,–*
Diskette für IBM-PC u. kompatible; TURBO-PASCAL DM 46,–*

Fortsetzung auf der 3. Umschlagseite

MikroComputer–Praxis

Herausgegeben von
Dr. L. H. Klingen, Bonn, Prof. Dr. K. Menzel, Schwäbisch Gmünd
und Prof. Dr. W. Stucky, Karlsruhe

3D-Graphik in PASCAL

Von Dr. Gisela Bielig-Schulz, Bochum
und Priv.-Doz. Dr. Christoph Schulz, Bochum

Mit 88 Figuren

B. G. Teubner Stuttgart 1987

CIP-Kurztitelaufnahme der Deutschen Bibliothek

Bielig-Schulz, Gisela:
3D-Graphik [Drei-D-Graphik] in PASCAL / von
Gisela Bielig-Schulz u. Christoph Schulz. –
Stuttgart : Teubner, 1987.
(Mikrocomputer-Praxis)
ISBN 978-3-519-02543-6 ISBN 978-3-322-92756-9 (eBook)
DOI 10.1007/978-3-322-92756-9
NE: Schulz, Christoph:

Gesamtherstellung: Druckhaus Beltz, 6944 Hemsbach/Bergstraße
Umschlaggestaltung: M. Koch, Reutlingen

Vorwort

Computergraphik, noch vor wenigen Jahren eher ein Thema für Spezialisten, ist inzwischen weit in unseren alltäglichen Lebensbereich vorgedrungen: Werbegraphiken, Videospiele, die Wetterkarte im Fernsehen, Computergraphik als Kunstform oder zur Darstellung komplizierter wissenschaftlicher Vorgänge - die Liste ließe sich beliebig verlängern. Das Vordringen computergraphischer Methoden wie CAD (Computer Aided Design) oder CAE (Computer Aided Engineering) hat bereits ganze Berufsfelder verändert - und wird dies in Zukunft in noch stärkerem Maße tun. Kenntnisse in diesem Gebiet sind deshalb nicht nur für Computerexperten, sondern auch für Angehörige vieler anderer Berufsgruppen von Vorteil. Auch für diejenigen, die sich einfach aus persönlichem Interesse mit den Möglichkeiten des Computers befassen, bietet dieser Bereich eine Fülle hübscher Anwendungen - Graphik ist sicherlich eine der attraktivsten Formen von Computeroutput.

Besonders interessant ist die 3D-Graphik, also die Manipulation und Darstellung räumlicher Objekte. Es ist schon faszinierend, wenn man um ein Haus herumgehen und es von allen Seiten betrachten kann - obwohl das Haus gar nicht existiert, sondern nur als eine Handvoll Daten im Rechner gespeichert ist. Mit den Programmen aus diesem Buch können Sie das auf jedem graphikfähigen Mikrocomputer selbst erleben.

Die Progamme sind in PASCAL geschrieben. Der wesentliche Grund für die Wahl dieser Programmiersprache ist der modulare Programmaufbau. Durch die Zerlegung komplizierter graphischer Verfahren in viele kleine Prozeduren wird das Verständnis erleichtert. Vor allem aber kann man sich aus diesen Prozeduren leicht neue, eigene Graphikprogramme zusammenstellen. Dazu muß man die behandelten Verfahren nur in groben Zügen kennen, die Details kann man getrost den fertigen Prozeduren überlassen. Das Buch wendet sich damit auch an Leser, die weniger an allzu tiefen Kenntnissen der 3D-Graphik interessiert sind, sondern vielmehr schnelle Lösungen für ihre speziellen Graphikanwendungen suchen.

Die Ansteuerung der Graphik ist bei den verschiedenen Computertypen oft sehr unterschiedlich gelöst. Aus diesem Grund beziehen sich viele Bücher über Computergraphik nur auf einen bestimmten Rechnertyp. Durch den modularen Programmaufbau können wir uns von dieser Beschränkung befreien: Durch Änderung einer einzigen Prozedur und einiger Konstanten kann man die Programme an jedes PASCAL-System anpassen, in dem man in hochauflösender Graphik eine Strecke zeichnen kann. Für den IBM PC und kompatible Rechner und für APPLE-Computer sind Disketten zu diesem Buch erhältlich.

Die einzelnen Verfahren zur 3D-Graphik werden eingehend dargestellt, wobei wir auch auf zahlreiche Möglichkeiten für Varianten, Verbesserungen und Erweiterungen hinweisen. Wir behandeln Datenstrukturen zur 2D- und 3D-Graphik, Abbildungen in der Ebene und im Raum, verschiedene Projektionen und die Erzeugung 3-dimensionaler Objekte. Ein Schwerpunkt sind Verfahren zur Unterdrückung der verdeckten Linien (hidden-line-problem).

In den Kapiteln 2 und 3 werden die mathematischen Grundlagen der 3D-Graphik eingeführt und an Beispielen erläutert. Um Lesern mit geringen mathematischen Vorkenntnissen den Einstieg zu erleichtern, beginnen wir mit der anschaulich leichteren Geometrie in der Ebene.

In zwei abschließenden Kapiteln gehen wir auf einige praktische Anwendungen ein und skizzieren weitere Entwicklungen auf dem Gebiet der Computergraphik. Dabei zeigen wir auch Möglichkeiten für die Behandlung des Themas im Informatikunterricht an Schulen auf.

Bochum, Oktober 1986

Gisela Bielig-Schulz
Christoph Schulz

Inhaltsverzeichnis

1. Einleitung

1.1 Was ist Computergraphik ?

Die ersten größeren Arbeiten und Projekte auf dem Gebiet der Computergraphik wurden zu Beginn der 60er Jahre durchgeführt (D. E. Sutherland am MIT, P. Bezier bei Renault, P. de Casteljau bei Citroen u.a). In dieser Zeit war die Computergraphik wegen der recht komplexen Rechnungen weitgehend Großrechnern vorbehalten und diente vornehmlich technischen Zwecken, wie etwa der Konstruktion von Karosserie- und Flugzeugteilen. Mit dem rasanten Fortschritt der Computertechnologie hat sich dieses Gebiet in den darauffolgenden Jahren eine Fülle weiterer Anwendungen erschlossen und ist seit Beginn der 80er Jahre auch in den Bereich der Mikrocomputer vorgestoßen. Ein populäres Beispiel hierfür sind die vielen Videospiele mit zum Teil sehr anspruchsvoller Graphik.

Wesentliche Anwendungsgebiete der Computergraphik sind heute:

- CAD/CAE (Computer Aided Design/Computer Aided Engineering) interaktiver Entwurf technischer Zeichnungen sowohl 2-dimensional (z.B. Baupläne, VLSI-Design) als auch 3-dimensional (z.B. perspektivische Darstellungen in der Architektur und im Maschinenbau)

- Kartographie

- Simulationen: "interaktiver Trickfilm" (z.B. zur Schulung von Piloten oder in der Trivialform als Videospiel)

- Interaktive 3D-Darstellungen für wissenschaftliche Zwecke (z.B. bei der Untersuchung von Makromolekülen)

- Computergenerierter Trickfilm im Unterhaltungsbereich (z.B. Signets und andere Trickgraphiken im Fernsehen, aber auch abendfüllende Zeichentrickfilme)

- Graphische Darstellung allgemeinen Computeroutputs nach dem Motto "Graphiken statt Tabellen". Diese Darstellungsform wird z.B. von den Fernsehanstalten bei der Präsentation von Wahlergebnissen verwendet. Graphische Darstellungen und Interaktionsformen findet man jedoch auch zunehmend im Bereich der Mikrocomputer (Fenstertechnik, Befehlseingabe mit der "Maus").

1.2 Zum Inhalt dieses Buches

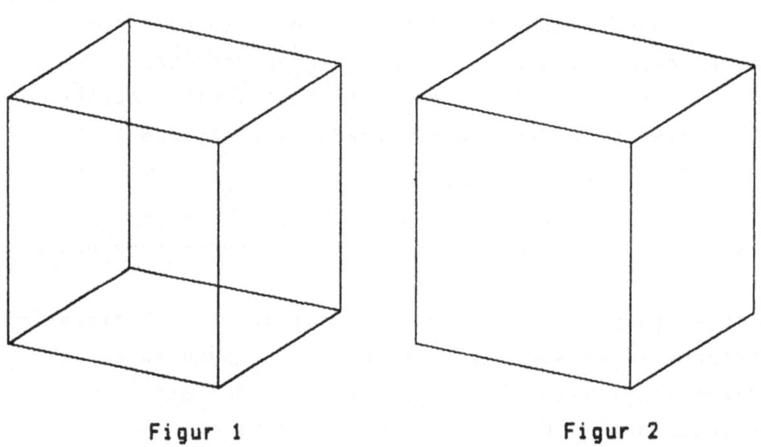

Figur 1 Figur 2

Thema dieses Buches sind Verfahren zur computergraphischen Darstellung 3-dimensionaler Objekte. Im 2. und 3. Kapitel behandeln wir einige mathematische Grundlagen, Datenstrukturen und Prozeduren zur Behandlung geometrischer Objekte mit dem Computer. Das 4. Kapitel enthält die verschiedenen Möglichkeiten, 3-dimensionale Objekte auf die Ebene (Bildschirm) zu projizieren. Im 5. Kapitel finden Sie einige Prozeduren zur Erzeugung interessanter 3-dimensionaler Szenen - als Beispielmaterial zur Erprobung der computergraphischen Verfahren.

Mit dem Wissen und den Programmen der ersten fünf Kapitel kann man bereits einfache (Figur 1), aber auch recht komplizierte

(Figur 3) Szenen computergraphisch darstellen. Figur 1 zeigt eine Parallelprojektion eines Würfels, und zwar gewissermaßen eines durchsichtigen Würfels: Man sieht alle Kanten, auch die, die etwa bei der Betrachtung eines Pappkartons "auf der Rückseite liegen", also nicht zu sehen sind. Zur Erzielung realistischer graphischer Darstellungen braucht man deshalb häufig Verfahren zur Entfernung dieser "verdeckten Linien". Beim Würfel mag dies noch entbehrlich erscheinen; man kann sich an Hand von Figur 1 auch einen massiven Würfel wie in Figur 2 vorstellen. Figur 3 ist aber eigentlich nur noch ein "Liniengewirr"; die Struktur des dargestellten 3-dimensionalen Objekts wird erst durch Entfernung der verdeckten Linien (Figur 4) deutlich.

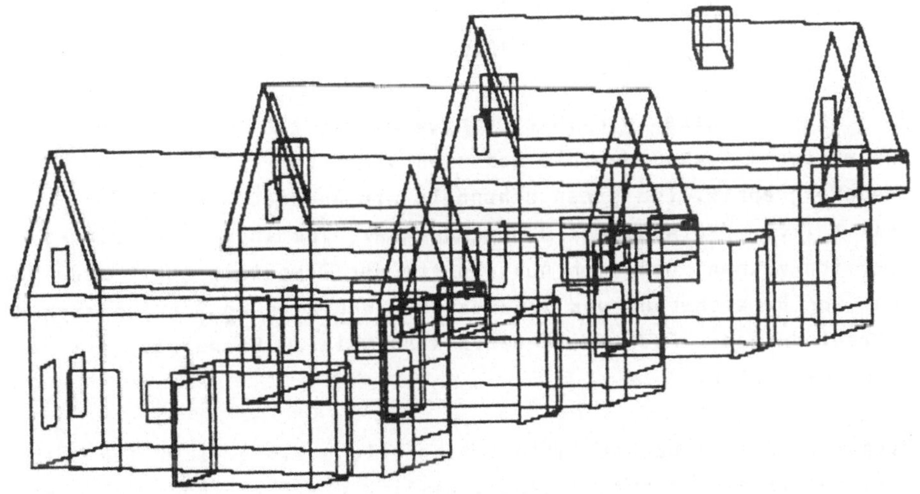

Figur 3

Wir führen im 6. Kapitel zunächst ein Verfahren ein, das die verdeckten Linien bei recht einfachen Objekten entfernt, wie z.B. beim Würfel (Figur 2). Dann beschreiben wir zwei sehr unterschiedliche Verfahren zur Elimination verdeckter Linien bei komplexeren Strukturen. Hiermit sind dann auch übersichtliche graphische Darstellungen recht komplizierter Objekte möglich (Figur 4). Am Ende des Kapitels geben wir noch einen Ausblick auf weitere Verfahren zur Unterdrückung der verdeckten Linien.

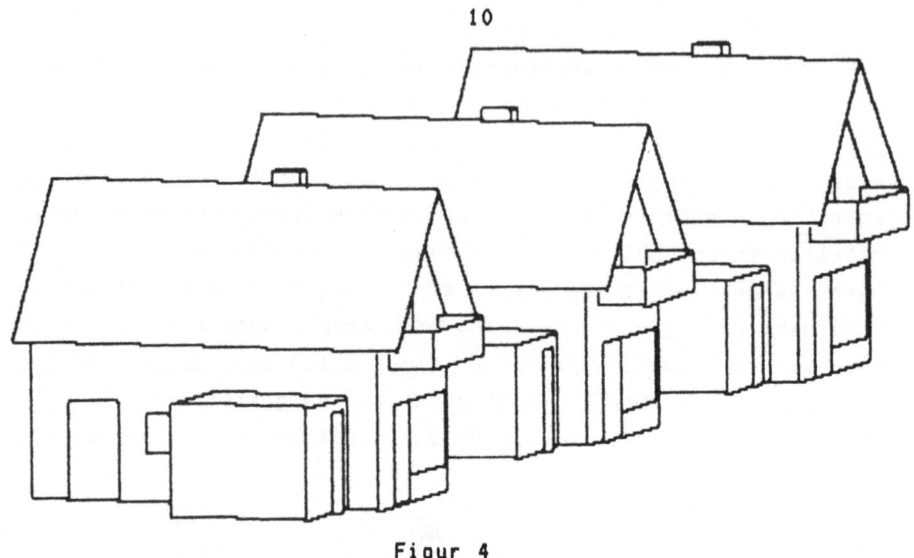

Figur 4

Im 7. Kapitel geben wir Ihnen einige Anregungen zur Anwendung und zum weiteren Ausbau der bis dahin entwickelten Programme zur Computergraphik. Zum einen behandeln wir Anwendungen für die Praxis (z.B. 3-dimensionale Histogramme), zum anderen wollen wir deutlich machen, daß sich Ausschnitte der Computergraphik sehr wohl zur Bereicherung des Informatikunterrichts an Schulen eignen - Verbindung des Fachs Mathematik (Analytische Geometrie) mit dem Fach Informatik.

Hauptziel dieses Buches ist die Darstellung eines wichtigen Ausschnitts der Computergraphik, nämlich die Erzielung möglichst realistischer Abbildungen von 3-dimensionalen durch ebene Flächen begrenzten Objekten durch Strichgraphiken, wobei die einzelnen Verfahren nicht nur theoretisch eingeführt, sondern auch an ausführlichen Programmbeispielen praktisch demonstriert werden.

Naturgemäß kann das Buch nicht gleichzeitig einen vollständigen Überblick über das große und ständig wachsende Gebiet der Computergraphik geben. In einem letzten Kapitel haben wir deshalb skizzenhafte Schilderungen einiger Teilgebiete der Computergraphik zusammengestellt (mit Hinweisen auf weiterführende Literatur), die hier nicht näher betrachtet werden, die wir aber für besonders wichtig halten.

1.3 Vorkenntnisse

Zum Verständnis der in diesem Buch behandelten Verfahren der Computergraphik benötigt man keine allzu tiefen mathematischen Kenntnisse. Einiges Grundwissen aus der Analytischen Geometrie ist jedoch erforderlich. Beispielsweise muß man einen Würfel zunächst einmal analytisch, d.h. durch Zahlen (Koordinaten der Ecken etc.) in einer dem Computer verständlichen Form beschreiben, ehe man erwarten kann, daß der Computer einen Würfel zeichnet. In Figur 49 durchstoßen Kanten des einen Polyeders Seitenflächen des anderen. Zur Erzeugung solcher Graphiken muß man also wissen, wie man den Schnittpunkt einer Geraden und einer Ebene im Raum ausrechnet. Weiterhin ist es nützlich, rechnerische Beschreibungen für die Bewegung von Objekten im Raum (Drehungen, Verschiebungen etc.) zu kennen, damit man ein im Computer gespeichertes Objekt, wie etwa ein Haus, von verschiedenen Seiten betrachten kann.

In den Abschnitten 2.1, 2.3, 3.1 und 3.3 haben wir einiges Grundwissen dieser Art zusammengestellt. Dabei verzichten wir auf Beweise, sondern erläutern die einzelnen Sachverhalte jeweils an Beispielen. Wenn Sie bereits Kenntnisse in Analytischer Geometrie haben oder die Programme dieses Buches hauptsächlich anwenden wollen, ohne sich um die Einzelheiten der Funktionsweise der Verfahren zu kümmern, können Sie diese Abschnitte beim ersten Lesen übergehen.

1.4 Die PASCAL-Programme

Zentraler Bestandteil des Buches sind die PASCAL-Prozeduren zu den dargestellten Algorithmen der Computergraphik. Sie lassen sich in vielfältiger Weise zu Demonstrationsprogrammen für die Wirkungsweise dieser Verfahren zusammenstellen - die folgenden Kapitel enthalten hierzu eine Reihe von Beispielen. Darüber hinaus kann man die Prozeduren aber natürlich auch in eigene

Graphikanwendungen einbinden. Wegen des modularen Programmaufbaus in PASCAL muß man hierzu die Wirkungsweise der einzelnen Prozeduren nicht im Detail kennen, man kann sie als "schwarze Kästen" einsetzen, von denen man lediglich weiß, welche Eingaben sie erwarten und welche Ergebnisse sie liefern.

Die Programme sind auf verschiedenen Mikrocomputern unter UCSD- und TURBO-PASCAL getestet worden. Disketten gibt es derzeit für APPLE II, APPLE II+, APPLE IIe (UCSD-PASCAL) und den IBM-PC und kompatible Rechner (TURBO-PASCAL). Wir haben beim Programmieren jedoch bewußt auf die Verwendung von Besonderheiten dieser beiden PASCAL-Dialekte, sowie der Graphikansteuerung der einzelnen Rechner verzichtet. Das hier vorgestellte Graphikpaket kann deshalb auf jedem Rechner verwendet werden, der über eine von PASCAL aus ansteuerbare hochauflösende Graphik verfügt. Hierzu ist nur zweierlei zu tun:

1. Der Aufruf der Prozedur, die in dem verwendeten PASCAL-System eine Strecke zeichnet, ist in unsere Prozedur Zeichne (s. Abschnitt 2.4) einzusetzen.

2. Die Konstanten, die die Geometrie des Bildschirms beschreiben, müssen auf die korrekten Werte gesetzt werden (s. Abschnitt 2.4).

Neben dem modularen Programmaufbau war ein weiterer Grund für die Wahl der Programmiersprache PASCAL, daß hierfür inzwischen auf fast allen Mikrocomputern leistungsfähige Compiler zur Verfügung stehen, so daß PASCAL das bisher in diesem Bereich übliche BASIC (mit seinen bekannten Nachteilen) bereits zum guten Teil verdrängt hat. Es ist jedoch im Prinzip ohne weiteres möglich, die Programme in eine andere Programmiersprache zu übertragen. Um dies zu erleichtern, haben wir auf die für PASCAL typischen Zeigervariablen verzichtet, obwohl eine dynamische Speicherverwaltung mit Zeigern an manchen Stellen Vorteile gehabt hätte. Nicht verzichtet haben wir auf die Möglichkeit des rekursiven Programmaufrufs, da sich hierdurch die Programme in einigen Fällen wesentlich vereinfachen ließen.

Programme zur Ansteuerung spezieller Peripheriegeräte, wie Graphiktablett oder Maus zur Eingabe oder eines Plotters zur Ausgabe von Zeichnungen, haben wir nicht in das Buch aufgenommen, da sie für das jeweils verwendete Peripheriegerät "maßgeschneidert" sein müssen. Wegen der einfachen Datenstrukturen dürfte es Ihnen jedoch nicht schwer fallen, das Graphikpaket um entsprechende Prozeduren zu erweitern, die Ihrer speziellen Gerätekonfiguration entsprechen. Die Anpassung eines Plotters läßt sich beispielsweise auf die gleiche einfache Art erreichen, wie die oben beschriebene Anpassung an ein anderes PASCAL-System.

Wir haben uns bemüht, die Programme möglichst einfach und übersichtlich zu gestalten. Deshalb haben wir auch nicht versucht, sie durch irgendwelche Tricks hinsichtlich der Rechenzeit oder des Speicherplatzbedarfs zu optimieren. In Abschnitt 7.1 geben wir einige Tips für Programmverbesserungen, mit denen man vor allem Rechenzeit sparen kann.

2. Zweidimensionale Graphik

Als Voraussetzung für die 3-dimensionalen Darstellungen in den folgenden Kapiteln benötigen wir einige Elemente der 2-dimensionalen Graphik, die wir hier entwickeln werden.

Der Abschnitt 2.1 enthält die grundlegenden Bausteine unserer Graphiken: Strecken und Polygone. In 2.2 führen wir einige Datenstrukturen und Prozeduren zur Beschreibung 2-dimensionaler graphischer Elemente ein, die wir in den Programmen der folgenden Kapitel weiterverwenden werden. Abschnitt 2.3 behandelt die verschiedenen Möglichkeiten, geometrische Objekte in der Ebene durch Abbildungen, wie Drehungen, Streckungen und Verschiebungen, zu manipulieren. Schließlich benötigen wir noch Verfahren zur Transformation einzelner Ausschnitte unseres Bildes auf den Bildschirm des Rechners und zum "Abschneiden" der Bildteile, die nicht mehr auf den Bildschirm passen. Dies ist der Inhalt von Abschnitt 2.4.

Wir werden keine Beweise für die Richtigkeit der in 2.1 und 2.3 dargestellten Sachverhalte führen, sondern sie lediglich an einzelnen Zahlenbeispielen plausibel machen. Das Gleiche gilt im 3. Abschnitt für die Teile 3.1 und 3.3 . Wir hoffen, daß dies für diejenigen von Ihnen, die bereits Kenntnisse in Analytischer Geometrie - etwa aus dem Schulunterricht - haben, zur Erinnerung ausreicht und auch für die, die sich erstmals mit dieser Materie befassen, eine brauchbare Einführung ist. Für ein vertieftes Studium empfehlen wir Ihnen z.B. die Bücher [9] und [10].

2.1 Vektoren, Punkte, Strecken und Polygone

Um geometrische Objekte in der Ebene durch Zahlen, d.h. in einer für den Computer verständlichen Form, beschreiben zu können, führen wir ein rechtwinkliges Koordinatensystem mit x- und y-Achse ein. Einen Punkt in der Ebene kann man dann durch seine x- und y-Koordinaten, d.h. durch ein Zahlenpaar (x,y), eindeutig beschreiben. Die beiden Punkte **a** und **b** aus Figur 5 haben also die Darstellung **a**=(1,2) und **b**=(5,3).

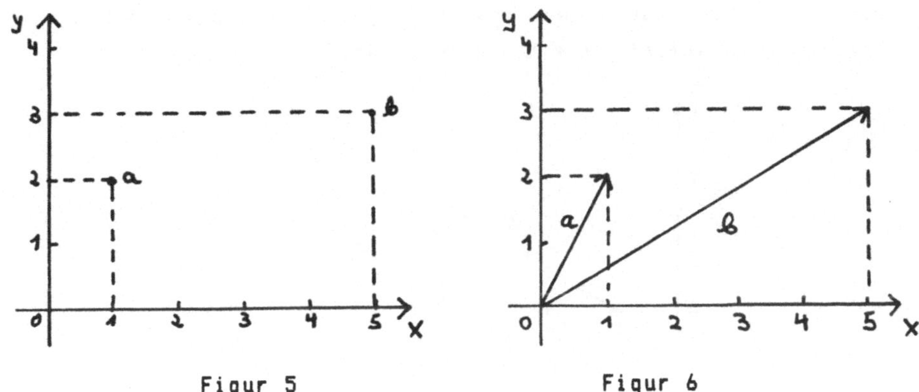

Figur 5 Figur 6

Ein Zahlenpaar (x,y) bezeichnet man auch als (2-dimensionalen) Vektor, und stellt sich diesen Vektor als einen Pfeil vor, der am Koordinatenursprung, d.h. dem Punkt (0,0), beginnt und am Punkt (x,y) endet (Figur 6). Für unsere praktischen Anwendungen unterscheiden wir nicht zwischen dem Punkt (x,y) und dem Vektor (x,y), und wir symbolisieren beide im folgenden durch fettgedruckte Kleinbuchstaben, **p**=(x,y).

Der Nutzen der Darstellung eines Punktes als Vektor liegt darin, daß man Vektoren "addieren" kann, d.h. man kann zwei Vektoren **a** und **b** zu einem neuen Vektor **a**+**b** zusammensetzen. Anschaulich erhält man den Vektor **a**+**b** folgendermaßen: Man verschiebt den Vektor **b** - ohne ihn zu drehen oder in der Länge zu ändern - so, daß sein Anfang auf die Spitze des Vektors **a** fällt. Der Vektor **a**+**b** wird dann durch den Pfeil dargestellt, der am Anfang des Vektors **a** beginnt und dessen Spitze an der Spitze des verschobenen Vektors **b** liegt (Figur 7). Der Vektor **a** und der verschobene Vektor **b** spannen dabei ein Parallelogramm auf, und der Vektor **a**+**b** ergibt sich als Diagonale dieses Parallelogramms. Man nennt dieses Parallelogramm auch häufig "Parallelogramm der Kräfte". Dieser Ausdruck entstammt einer Anwendung der Vektorrechnung in der Physik. Dabei stellt ein Vektor eine Kraft dar, die Länge des Pfeils symbolisiert den Betrag der Kraft und die

Pfeilrichtung die Richtung, in der die Kraft wirkt. Die aus diesen beiden Kräften resultierende Gesamtkraft ist dann die Summe der beiden Vektoren. (Wie sieht das Kräfteparallelogramm beim "Tauziehen" aus ?) Aus dem Kräfteparallelogramm liest man übrigens auch sofort **a** + **b** = **b** + **a** ab.

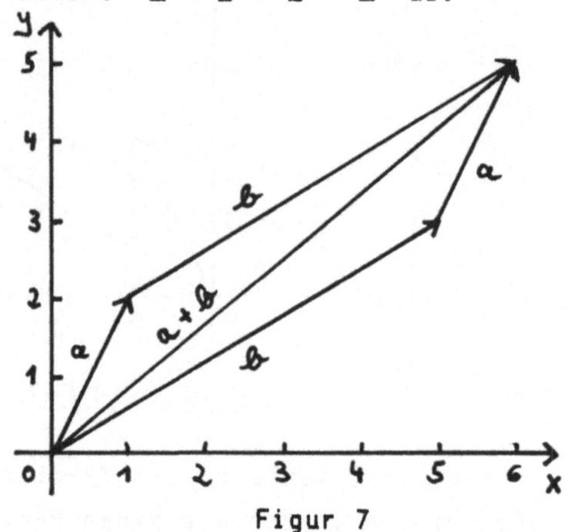

Figur 7

Rechnerisch erhält man die Summe zweier Vektoren einfach, indem man die x- und die y-Koordinaten jeweils für sich addiert, also im Beispiel aus Figur 7:

a + **b** = (1,2) + (5,3) = (1+5,2+3) = (6,5) .

Auf die gleiche Art können wir auch die <u>Multiplikation eines Vektors mit einer Zahl</u> einführen: Wir multiplizieren jede Koordinate des Vektors mit dieser Zahl, also z.B.

0.5***b** = 0.5*(5,3) = (0.5*5 , 0.5*3) = (2.5 , 1.5) .

(Wie in PASCAL üblich, schreiben wir eine Dezimalzahl mit einem Dezimal<u>punkt</u>. Die Koordinaten eines Vektors trennen wir durch Kommata.)

Die Multiplikation eines Vektors mit einer (nicht-negativen) Zahl hat auch eine anschauliche Bedeutung: Man erhält einen Vektor, der in die gleiche Richtung zeigt, der aber entsprechend dem Betrag der Zahl verlängert oder verkürzt ist. In unserem Beispiel haben wir **b** mit 0.5 multipliziert und einen Vektor der halben Länge erhalten.

Multipliziert man den Vektor mit einer negativen Zahl, so kehrt sich zusätzlich seine Richtung (um 180°) um. Insbesondere bewirkt die Multiplikation mit -1 eine Drehung des Vektors um 180° (ohne Änderung seiner Länge). Hiermit kann man zusätzlich zur Addition von Vektoren auch die Bildung der Differenz von zwei Vektoren einführen, indem man zu **b** den mit -1 multiplizierten Vektor **a** addiert:

$$\mathbf{b} - \mathbf{a} = \mathbf{b} + (-1)*\mathbf{a} = (5,3) + (-1,-2) = (5-1,3-2) = (4,1) \; .$$

Figur 8 zeigt den Differenzvektor **b-a** einmal vom Koordinatenursprung ausgehend und zum anderen als verschobenen Vektor zwischen den Pfeilspitzen der beiden Vektoren **a** und **b**. Machen Sie sich daran klar, wie man den Differenzvektor zeichnerisch gewinnt. (Wie sieht der Vektor **a-b** aus ?)

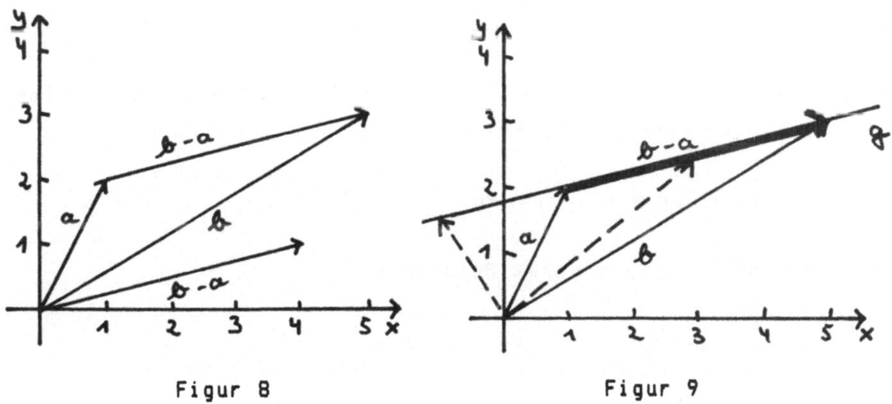

Figur 8 Figur 9

Die Vektordifferenz können wir ausnutzen, um eine einfache Beschreibung der Geraden g anzugeben, die durch die beiden Punkte **a** und **b** verläuft (Figur 9). Der Vektor **b-a** zeigt in die Richtung dieser Geraden - und wird deshalb auch ein <u>Richtungsvektor</u> von g genannt. Jeder Punkt der Geraden g läßt sich nun dadurch beschreiben, daß man diesen Richtungsvektor mit einer Zahl t multipliziert (also passend verlängert oder verkürzt und eventuell zusätzlich (durch negatives Vorzeichen) umdreht) und zum Vektor **a** addiert. Für t=0 erhält man gerade den Punkt **a** und für t=1 den Punkt **b**. In Figur 9 sind außerdem die Vektoren der Punkte für die t-Werte -0.5 und 0.5 eingezeichnet.

> Die Gerade g durch die Punkte **a** und **b** besteht aus den Punkten **p** der Form
>
> $$\mathbf{p} = \mathbf{a} + t*(\mathbf{b}-\mathbf{a})$$
>
> wobei t alle (reellen) Zahlen durchläuft. Die Zahl t wird der <u>Parameter</u> zum Punkt **p** genannt. Entsprechend heißt eine solche Darstellung der Geraden g eine <u>Parameterdarstellung</u> von g.

Mit Hilfe der Parameterdarstellung kann man sich z.B. den Schnittpunkt zweier Geraden g und h ausrechnen. Nehmen wir etwa als g die Gerade aus Figur 9 und als h die Gerade durch die Punkte **c**=(1,4) und **d**=(9,-2). Die Punkte von g bzw. h haben also die Darstellung $\mathbf{p} = \mathbf{a} + t*(\mathbf{b}-\mathbf{a})$ bzw. $\mathbf{p} = \mathbf{c} + s*(\mathbf{d}-\mathbf{c})$. (Zur Unterscheidung haben wir den Parameter der Geraden h mit s bezeichnet.) Ein Punkt, der auf beiden Geraden liegt, muß beide Darstellungen haben. Er erfüllt deshalb die Gleichung

$$\mathbf{a} + t*(\mathbf{b}-\mathbf{a}) = \mathbf{c} + s*(\mathbf{d}-\mathbf{c}) \ ,$$

d.h. mit den Zahlen unseres Beispiels

$$(1,2) + t*(4,1) = (1,4) + s*(8,-6) \ .$$

Schreibt man diese Vektorgleichung koordinatenweise auf, so erhält man die beiden Gleichungen

$$\begin{aligned} 4t - 8s &= 0 \\ t + 6s &= 2 \end{aligned}$$

aus denen man t=0.5 und s=0.25 errechnen kann. Einsetzen dieser Werte in die jeweilige Parameterdarstellung ergibt in beiden

Fällen den gleichen Punkt, den Schnittpunkt (3 , 2.5). (Versuchen Sie einmal auf diese Weise den - nicht vorhandenen - Schnittpunkt zweier paralleler Geraden auszurechnen!)

Bei unseren graphischen Anwendungen ist der Bildschirm jeweils nur ein sehr kleiner Ausschnitt der Ebene, so daß wir eine (unendlich lange) Gerade natürlich niemals vollständig abbilden können. Interessanter als die Gerade durch die Punkte **a** und **b** ist für uns deshalb die Strecke zwischen den Punkten **a** und **b**, die wir symbolisch mit [**a**,**b**] bezeichnen werden. Aus der obigen Parameterdarstellung der Geraden g leitet man leicht eine Parameterdarstellung einer Strecke ab: Die Strecke zwischen **a** und **b** besteht aus den Punkten von g, deren Parameterwerte zwischen 0 und 1 liegen. Die Parameterwerte t=0 und t=1 entsprechen dem Anfangspunkt **a** und dem Endpunkt **b** der Strecke, der Parameterwert t=0.5 ihrem Mittelpunkt (Figur 9). Die Gleichung für den Streckenpunkt **p** können wir noch etwas umschreiben:

$$\mathbf{p} = \mathbf{a} + t*(\mathbf{b}-\mathbf{a}) = \mathbf{a} - t*\mathbf{a} + t*\mathbf{b} = (1-t)*\mathbf{a} + t*\mathbf{b} .$$

Beachten Sie, daß wir für die "gemischte Rechnung", in der einerseits Vektoren **a**,**b** und andererseits die Zahl t vorkommt, die gleichen Rechenregeln (z.B. Klammerregeln) verwendet haben, wie beim Rechnen mit gewöhnlichen Zahlen. Dies dürfen wir tun, weil beim Rechnen mit Vektoren nur gewöhnliche Zahlenrechnungen ausgeführt werden - nur eben in jeder der beiden Koordinaten getrennt für sich. Nach diesem kleinen Ausflug in die Vektorrechnung schreiben wir uns die Parameterdarstellung einer Strecke noch einmal vollständig auf:

> Die Strecke [**a**,**b**] zwischen den Punkten **a** und **b** besteht aus den Punkten **p** der Form
>
> $$\mathbf{p} = (1-t)*\mathbf{a} + t*\mathbf{b}$$
>
> mit $0 \leq t \leq 1$.

Nachdem wir schon verschiedentlich von der Länge eines Vektors gesprochen haben, wollen wir uns die Länge des Vektors $\mathbf{a} = (x,y)$ aus seinen Koordinaten x und y ausrechnen. Aus Figur 6 entnehmen wir, daß der Koordinatenursprung, die Vektorspitze und der Punkt (x,0) die Ecken eines rechtwinkligen Dreiecks sind. Die Katheten dieses Dreiecks haben die Längen x und y, die Länge seiner Hypothenuse ist die Länge von $\mathbf{a}$. Damit ergibt sich nach dem Satz des Pythagoras:

Die Länge $|\mathbf{a}|$ des Vektors $\mathbf{a} = (x,y)$ ist $|\mathbf{a}| = \sqrt{x^2 + y^2}$.

Den Winkel zwischen zwei Vektoren kann man mit Hilfe des sogenannten Skalarprodukts ausrechnen.

Das Skalarprodukt $\langle \mathbf{a},\mathbf{b} \rangle$ zweier Vektoren $\mathbf{a} = (a_1,a_2)$ und $\mathbf{b} = (b_1,b_2)$ ist durch die Formel

$$\langle \mathbf{a},\mathbf{b} \rangle = a_1 * b_1 + a_2 * b_2$$

definiert.

Das Skalarprodukt zweier Vektoren ist also eine Zahl (nicht ein Vektor!). Man erhält sie, indem man das Produkt aus den x-Koordinaten der beiden Vektoren bildet und das Produkt aus den y-Koordinaten beider Vektoren. Anschließend addiert man diese beiden Produkte. Für unsere Beispielvektoren aus Figur 6 erhalten wir:

$$\langle \mathbf{a},\mathbf{b} \rangle = \langle (1,2),(5,3) \rangle = 1*5 + 2*3 = 11 .$$

Das Skalarprodukt hängt nun nach folgender Formel (die man mit dem Kosinussatz beweisen kann) mit dem Winkel α zusammen, den die beiden Vektoren einschließen:

$$\cos \alpha = \frac{\langle \mathbf{a},\mathbf{b} \rangle}{|\mathbf{a}| * |\mathbf{b}|} .$$

Für die Vektoren aus Figur 6 ist $|\mathbf{a}| = \sqrt{1^2 + 2^2} = \sqrt{5}$ und $|\mathbf{b}| = \sqrt{5^2 + 3^2} = \sqrt{34}$, also $\cos \alpha = 11/\sqrt{5*34} = 0.8436615$ und damit $\alpha = 32{,}47°$. (Stimmt's ?)

Mit dem Skalarprodukt kann man insbesondere testen, ob zwei Vektoren senkrecht aufeinander stehen, d.h einen Winkel von 90° einschließen. Dies ist genau dann der Fall, wenn der Kosinus des Winkels den Wert 0 hat.

> Zwei Vektoren $\mathbf{a}$ und $\mathbf{b}$ stehen genau dann senkrecht aufeinander, wenn für ihr Skalarprodukt $\langle \mathbf{a},\mathbf{b} \rangle = 0$ gilt.

Dies gilt z.B. für die beiden Vektoren $\mathbf{r}=(4,1)$ und $\mathbf{n}=(-1,4)$ aus Figur 10. Mit dem Konzept senkrechter Vektoren kann man eine andere Beschreibung einer Geraden als (oft sehr nützliche) Alternative zur Parameterdarstellung angeben. Betrachten wir hierzu die in Figur 10 eingezeichnete Gerade g' durch den Koordinatenursprung, deren Richtungsvektor $\mathbf{r}$ ist. Die Punkte von g' haben in der Parameterdarstellung die Form $\mathbf{p}' = t*\mathbf{r}$, wobei der Parameter t alle reellen Zahlen durchläuft. Man kann die Punkte von g' aber auch mit Hilfe des zu $\mathbf{r}$ senkrechten Vektors $\mathbf{n}$ beschreiben: Ein Punkt $\mathbf{p}'$ liegt genau dann auf der Geraden g', wenn er (aufgefaßt als Vektor $\mathbf{p}'$) senkrecht auf $\mathbf{n}$ steht: $\langle \mathbf{p}',\mathbf{n} \rangle = 0$.

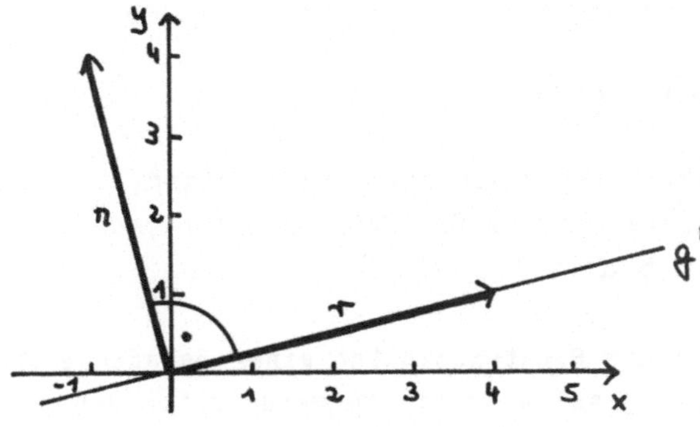

Figur 10

> Ist g' eine Gerade durch den Koordinatenursprung mit Richtungsvektor **r** und ist **n** ein zu **r** senkrechter Vektor, so sind die Punkte von g' genau diejenigen Punkte **p**', deren Vektor **p**' senkrecht auf **n** steht, d.h. $\langle \mathbf{p}',\mathbf{n}\rangle = 0$.

Dies ist die sogenannte Normalendarstellung von g'. Der Vektor **n** wird ein Normalenvektor von g' genannt. Bisher hat die Normalendarstellung einer Geraden noch einen entscheidenden Schönheitsfehler: Wir können nur Geraden durch den Koordinatenursprung auf diese Weise darstellen, also z.B. nicht die Gerade g aus Figur 9. g ist eine Parallele zu g' (beide Geraden haben ja den gleichen Richtungsvektor **r**=**b**-**a**), und man erhält die Punkte **p** von g, dadurch, daß man zu den Punkten **p**' von g' den Vektor **a** hinzuaddiert: $\mathbf{p} = \mathbf{p}' + \mathbf{a}$. Für einen Punkt **p** von g gilt damit (Machen Sie sich an Hand der Definition des Skalarprodukts oder an unserem Zahlenbeispiel klar, daß das zweite Gleichheitszeichen in dieser Rechnung tatsächlich gilt.):

$$\langle \mathbf{p},\mathbf{n}\rangle = \langle \mathbf{p}'+\mathbf{a},\mathbf{n}\rangle = \langle \mathbf{p}',\mathbf{n}\rangle + \langle \mathbf{a},\mathbf{n}\rangle = 0 + \langle \mathbf{a},\mathbf{n}\rangle$$

Mit dieser Überlegung können wir nun eine beliebige Gerade in Normalendarstellung beschreiben:

> Die Gerade g durch die Punkte **a** und **b** besteht aus den Punkten **p**, für die die Gleichung
>
> $$\langle \mathbf{p},\mathbf{n}\rangle = \langle \mathbf{a},\mathbf{n}\rangle$$
>
> gilt. Dabei ist **n** ein beliebiger Vektor, der zum Richtungsvektor **b**-**a** der Geraden g senkrecht steht, für den also $\langle \mathbf{n},\mathbf{b}-\mathbf{a}\rangle = 0$ gilt.

Ist $\mathbf{r}=(r_x,r_y)$ ein Richtungsvektor einer Geraden g und steht **n** senkrecht auf **r**, so ist **n** ein Normalenvektor von g. Ein solcher Vektor ist z.B. $\mathbf{n}=(-r_y,r_x)$, so daß man sehr einfach eine Parameterdarstellung in eine Normalendarstellung umrechnen kann (und umgekehrt). Z.B. besteht die Gerade g aus Figur 9 aus allen

Punkten $\mathbf{p}=(x,y)$, für die $\langle(x,y),(-1,4)\rangle = \langle(1,2),(-1,4)\rangle$ gilt, d.h. (wenn man die Skalarprodukte ausrechnet) $-x + 4y = 7$.

Der Schnittpunkt von zwei Geraden in Normalendarstellung läßt sich ebenfalls als Lösung eines Gleichungssystems in zwei Unbekannten ausrechnen, ähnlich wie wir es bei Geraden in Parameterdarstellung gemacht haben. Wenn die zweite Gerade durch den Punkt $\mathbf{c}$ läuft und den Normalenvektor $\mathbf{m}$ hat, sind die beiden Gleichungen

$$\langle\mathbf{p},\mathbf{n}\rangle = \langle\mathbf{a},\mathbf{n}\rangle \quad \text{und} \quad \langle\mathbf{p},\mathbf{m}\rangle = \langle\mathbf{c},\mathbf{m}\rangle .$$

Die beiden Unbekannten sind die Koordinaten x und y des Schnittpunktes $\mathbf{p}=(x,y)$.

Eine Gerade teilt die Ebene in zwei Hälften, die man auch häufig <u>Halbebenen</u> nennt. Hat die Gerade die Normalendarstellung $\langle\mathbf{p},\mathbf{n}\rangle = \langle\mathbf{a},\mathbf{n}\rangle$, so sind die Punkte $\mathbf{p}$ der beiden Halbebenen durch die beiden Ungleichungen $\langle\mathbf{p},\mathbf{n}\rangle \leq \langle\mathbf{a},\mathbf{n}\rangle$ und $\langle\mathbf{p},\mathbf{n}\rangle \geq \langle\mathbf{a},\mathbf{n}\rangle$ gegeben. Im Beispiel aus Figur 9 liegt ein Punkt (x,y) genau dann oberhalb der Geraden g, wenn er die Ungleichung $-x + 4y \geq 7$ erfüllt, und unterhalb von g, wenn die Ungleichung $-x + 4y \leq 7$ gilt. Allgemein beschreibt die Ungleichung mit "$\geq$" stets die Halbebene, in die der Normalenvektor $\mathbf{n}$ hineinzeigt (s. Figur 10) und die Ungleichung mit "$\leq$" die andere Halbebene. Probieren Sie dies einmal aus, indem Sie die Gerade g aus Figur 9 mit dem Normalenvektor (1,-4) an Stelle von (-1,4) darstellen. Beachten Sie dabei, daß sich das Ungleichheitszeichen umkehrt ("$\leq$" wird zu "$\geq$" und umgekehrt), wenn man eine Ungleichung mit einer negativen Zahl multipliziert.

Mit Hilfe von Halbebenen lassen sich Teilausschnitte der Ebene durch Ungleichungssysteme beschreiben. Beispielsweise enthält das schraffierte Feld in Figur 11 alle Punkte (x,y), die oberhalb der x-Achse, rechts von der y-Achse und unterhalb der beiden Geraden g und h liegen. Es wird deshalb durch die vier Ungleichungen

$$x \geq 0$$
$$y \geq 0$$
$$-x + 4y \leq 7$$
$$6x + 8y \leq 38$$

beschrieben (die alle vier gleichzeitig erfüllt sein müssen).

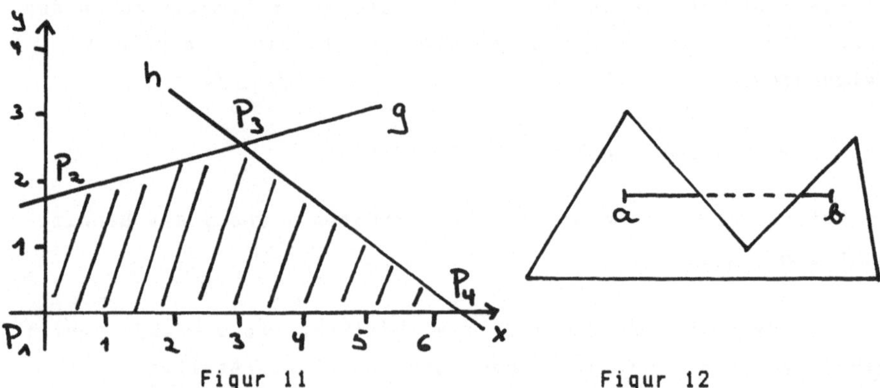

Figur 11

Figur 12

Einen beschränkten (d.h. nicht unendlich ausgedehnten) Ausschnitt der Ebene, den man als Durchschnitt von (endlich vielen) Halbebenen erhält, nennen wir ein (konvexes) Polygon. Das Wort "konvex" bedeutet, daß mit zwei Punkten **a** und **b** jeweils auch die gesamte Verbindungsstrecke [**a**,**b**] zum Polygon gehört. In Figur 11 ist dies offenbar der Fall, während Figur 12 ein nicht-konvexes Polygon zeigt. Daß unsere Polygone konvex sind, wird sich für die späteren graphischen Anwendungen als überaus angenehm erweisen (vereinfachte Rechnungen im Vergleich zu nicht-konvexen Figuren). übrigens ist der Durchschnitt von Halbebenen (und damit auch unsere Polygone) einfach deshalb konvex, weil jede Halbebene konvex ist, und weil der Durchschnitt von konvexen Teilen der Ebene auch wieder konvex ist. Punkte, Strecken und Polygone sind die drei Grundelemente, aus denen wir die Graphik in diesem Buch aufbauen werden.

Bei unseren graphischen Anwendungen wird ein Polygon P vielfach nicht von vornherein durch Ungleichungen definiert sein, sondern durch seine Eckpunkte $\mathbf{p}_1,\dots,\mathbf{p}_n$. Der Rand des Polygons ist der Streckenzug, der aus den n Strecken $[\mathbf{p}_i,\mathbf{p}_{i+1}]$, i=1,...,n-1, und

$[\mathbf{p}_n,\mathbf{p}_1]$ besteht. Eine Beschreibung des Polygons P durch Ungleichungen erhält man daraus nach dem gleichen Verfahren, wie beim Übergang von der Parameter- zur Normalendarstellung einer Geraden: Der Vektor $\mathbf{p}_{i+1}-\mathbf{p}_i$ ist ein Richtungsvektor der Strecke $[\mathbf{p}_i,\mathbf{p}_{i+1}]$. Hat $\mathbf{p}_i$ die Koordinaten (x_i,y_i), so steht der Vektor $\mathbf{n}_i=(y_i-y_{i+1},x_{i+1}-x_i)$ senkrecht auf $\mathbf{p}_{i+1}-\mathbf{p}_i$. Wenn wir die Eckpunkte des Polygons im <u>Uhrzeigersinn</u> durchnumerieren (und das wollen wir in diesem Buch stets tun), zeigt dieser Vektor zur Außenseite des Polygons (<u>äußerer Normalenvektor</u>). Ein Punkt (x,y) liegt also gerade dann im Polygon P, wenn er die n Ungleichungen

$$\langle (x,y),\mathbf{n}_i\rangle \leq \langle \mathbf{p}_i,\mathbf{n}_i\rangle \quad , \; i=1,\ldots,n$$

erfüllt. (Dabei definieren wir den Normalenvektor $\mathbf{n}_n$ zur "letzten Strecke" $[\mathbf{p}_n,\mathbf{p}_1]$ durch $\mathbf{n}_n = (y_n-y_1,x_1-x_n)$.) Rechnen Sie sich einmal auf diese Weise die Ungleichungen zu dem Viereck (n=4) von Figur 11 aus. Sie werden feststellen, daß Sie "andere" Ungleichungen erhalten, als die, die wir bei der Beschreibung von Figur 11 aufgestellt hatten. Multiplizieren Sie nun die erste Ungleichung mit -4/7, die zweite mit 4/3, die dritte mit 12/5 und die vierte mit -3/19; und vergleichen Sie mit den vier Ungleichungen, mit denen wir Figur 11 ursprünglich beschrieben hatten - bis auf die (natürlich belanglose) Reihenfolge, sind es dieselben Ungleichungen.

Wahrscheinlich ist Ihnen dieser Abschnitt etwas trocken vorgekommen. Wenn Sie vorher noch nichts von Vektorrechnung und Analytischer Geometrie gehört hatten, war er sicher auch nicht ganz einfach zu verstehen. Als Trost können wir Ihnen aber sagen, daß Sie hiermit bereits den größten Teil des mathematischen Werkzeugs erarbeitet haben, das wir in diesem Buch benötigen - und zwar nicht nur in der ebenen, sondern auch in der räumlichen Geometrie. Die hier dargestellten Techniken lassen sich nämlich (fast) wörtlich auf den 3-dimensionalen Raum übertragen, und es kommt nur noch wenig Neues hinzu. Der Abschnitt 3.1, in dem wir diese Übertragungen vornehmen, kann deshalb auch recht kurz ausfallen.

2.2 Eine Datenstruktur zur 2D-Graphik

Wir wollen uns nun (endlich) der praktischen Seite der Computergraphik zuwenden und die ersten Datenstrukturen und Prozeduren unseres Programmpakets vorstellen. Die Grundelemente unserer Graphik sind Punkte und Strecken zwischen diesen Punkten. Punkte und Strecken speichern wir in zwei getrennten Feldern D2Pkt und Strk. Ein Punkt wird durch seine x- und y-Koordinate dargestellt, eine Strecke [**a**,**e**] durch die beiden Indizes ihres Anfangspunktes **a** und ihres Endpunktes **e** im Feld D2Pkt. Wir benötigen die folgenden Konstanten, Typen und globalen Variablen, die wir gleich noch näher erläutern werden. Sie sind Bestandteil des Programmpakets D2Pak1, das außerdem noch alle Prozeduren und Funktionen dieses Kapitels enthält, die in der ersten Zeile durch einen entsprechenden Kommentar gekennzeichnet sind.

```
const MaxD2PktZahl=500;
      MaxStrkZahl=500;
      SchirmBreite=719;  (* Bildschirmgröße bei Verwendung *)
      SchirmHoehe=349;   (* einer Herkuleskarte für IBM-PC *)
      KopfStand=true;    (* =true, wenn (0,0) links oben *)
      Entzerr=0.69;      (* Ausgleich von Bildverzerrungen *)

type  PktTyp=array [1..3] of integer;
      VektTyp=array [1..3] of real;
      StrkTyp= record a,e,farbe:integer end;
      MatTyp=array [1..3] of VektTyp; (* Matrix als Feld der Zeilenvektoren *)

var   D2Pkt:array [1..MaxD2PktZahl] of PktTyp;
      D2PktZahl:integer;
      Strk:array [1..MaxStrkZahl] of StrkTyp;
      StrkZahl:integer;
      FensterLI,FensterRE,FensterOB,FensterUN:integer;
      BildLI,BildRE,BildOB,BildUN:integer;
      xmin,ymin,xmax,ymax:integer;
```

Ein Punkt wird nicht als Feld der Länge 2 (für x- und y-Koordinate), sondern als Feld der Länge 3 dargestellt. Der Grund hierfür ist die spätere Anwendung in der 3D-Graphik, wo wir zur Beschreibung eines Punktes im Raum auch noch seine z-Koordinate benötigen. Für die Anwendungen in diesem Abschnitt geben wir der z-Koordinate stets den Wert 0. Einer Strecke haben wir neben den Nummern ihres Anfangs- und Endpunktes, durch die sie definiert ist, noch die Farbe zugeordnet, in der sie (etwa auf einem Farbmonitor oder einem Mehrfarbplotter) gezeichnet werden soll. Die beiden Konstanten MaxD2PktZahl und MaxStrkZahl benötigen wir zur Dimensionierung der Felder D2Pkt und Strk. Die beiden Variablen D2PktZahl bzw.StrkZahl geben das jeweils höchste Feldelement von D2Pkt bzw. Strk an, in dem ein Punkt bzw. eine Strecke gespeichert ist. (Wir werden diese beiden Felder ja nicht immer voll ausnutzen.)

Die folgenden drei Prozeduren dienen der Initialisierung, sowie der Eingabe eines Punktes und einer Strecke.

```
procedure D2Loesch; (* D2Pak1/D2Pak2 *)

(* Löscht Punkte und Strecken *)

begin
   D2PktZahl:=0; StrkZahl:=0;
   xmin:-32000; ymin:=32000; xmax:=-32000; ymax:=-32000;
end; (* von D2Loesch *)


procedure D2PktEin(x,y,z:real); (* D2Pak1/D2Pak2 *)

(* Fügt (x,y,z) in Punktliste D2Pkt ein, aktualisiert xmin, ymin, xmax, ymax *)

begin
   D2PktZahl:=D2PktZahl+1;
   D2Pkt[D2PktZahl,1]:=round(x); D2Pkt[D2PktZahl,2]:=round(y);
   D2Pkt[D2PktZahl,3]:=round(z);
   if x<xmin then xmin:=round(x); if x>xmax then xmax:=round(x);
   if y<ymin then ymin:=round(y); if y>ymax then ymax:=round(y);
end; (* von D2PktEin *)


procedure StrkEin(a,e,farbe:integer); (* D2Pak1 *)

(* Fügt [a,e] in Streckenliste ein *)

begin
   StrkZahl:=StrkZahl+1;
   Strk[StrkZahl].a:=a; Strk[StrkZahl].e:=e;
   Strk[StrkZahl].farbe:=farbe;
end; (* von StrkEin *)
```

Eine Betrachtung von D2Loesch und D2PktEin zeigt die Rolle der Variablen xmin, ymin, xmax und ymax. Sie geben die minimalen und maximalen x- und y-Koordinaten aller (bisher eingegebenen) Punkte an. Diese Angaben benötigt der Computer, um das (ganze) Bild in einem vernünftigen Maßstab auf den Bildschirm zu bringen. Näheres hierzu im Abschnitt 2.4, wo wir auch die übrigen Konstanten und Variablen erläutern werden.

Wahrscheinlich ist Ihnen bereits aufgefallen, daß wir in unseren Programmen Groß- und Kleinschreibung verwenden, um (wie wir hoffen) die übersichtlichkeit zu verbessern. PASCAL-Compiler (zumindest die uns bekannten) unterscheiden jedoch nicht zwischen Groß- und Kleinbuchstaben, so daß Sie natürlich auch alles groß oder klein schreiben können, ohne die Funktionsweise der Programme zu beeinträchtigen.

Als erste kleine Anwendung wollen wir ein Programm schreiben, das den Elefanten aus Figur 13 zeichnet. Der wesentliche Teil dieses Programms ist die Prozedur Elef1, die den Elefanten als eine Menge von Punkten und Strecken in unsere 2D-Graphikstruktur einspeichert.

```
procedure Elef1;

(* Macht Elefanten *)

var i,start:integer;

begin

   start:=D2PktZahl+1;

   (* Umriß (29 Punkte und Kanten) *)
   D2PktEin(-80,23,0); D2PktEin(-68,47,0); D2PktEin(-44,47,0);
   D2PktEin(-33,36,0); D2PktEin(-20,40,0); D2PktEin(50,40,0);
   D2PktEin(67,24,0); D2PktEin(65,4,0); D2PktEin(55,-25,0);
   D2PktEin(55,-70,0); D2PktEin(25,-70,0); D2PktEin(25,-30,0);
   D2PktEin(15,-35,0); D2PktEin(-27,-35,0); D2PktEin(-33,-28,0);
   D2PktEin(-33,-70,0); D2PktEin(-57,-70,0); D2PktEin(-57,-12,0);
   D2PktEin(-50,-5,0); D2PktEin(-63,-5,0); D2PktEin(-65,-1,0);
   D2PktEin(-55,6,0); D2PktEin(-67,5,0); D2PktEin(-67,12,0);
   D2PktEin(-73,0,0); D2PktEin(-73,-50,0); D2PktEin(-70,-55,0);
```

```
    D2PktEin(-73,-60,0); D2PktEin(-80,-50,0);
    for i:=start to D2PktZahl-1 do StrkEin(i,i+1,0);
    StrkEin(start,D2PktZahl,0);

    (* Beine (4 Punkte, 2 Strecken) *)
    D2PktEin(-40,-24,0); D2PktEin(-40,-70,0);
    StrkEin(D2PktZahl-1,D2PktZahl,0);
    D2PktEin(37,-24,0); D2PktEin(37,-70,0);
    StrkEin(D2PktZahl-1,D2PktZahl,0);

    (* Schwanz (1 Punkt, 1 Strecke) *)
    D2PktEin(75,5,0); StrkEin(start+6,D2PktZahl,0);

    (* Auge (4 Punkte und Strecken) *)
    start:=D2PktZahl+1;
    D2PktEin(-63,30,0); D2PktEin(-61,30,0);
    D2PktEin(-61,28,0); D2PktEin(-63,28,0);
    for i:=start to D2PktZahl-1 do StrkEin(i,i+1,0);
    StrkEin(start,D2PktZahl,0);

end; (* von Elef1 *)
```

Das folgende kurze Programm bringt dann den Elefanten auf den Bildschirm. Es bezieht die beiden Programmteile D2Pak1 und Elef1 (auf der Diskette unter den Namen d2pak1.pas und elef1.pas gespeichert) als Includefiles ein. (Sie können hier natürlich die entsprechenden Programmtexte auch direkt eingeben.)

```
program Elefant;

(********** Einbindung der Routinen zur Graphikansteuerung **********)
(* Hier z.B. Includefiles der TURBO GRAPHIX TOOLBOX                *)
(******************************************************************)

(* $I d2pak1.pas *)
(* $I elef1.pas  *)

begin (* Hauptteil von Elefant *)

   D2Loesch;
   Elef1;
   StandardFensterBild;
   EnterGraphic;
   ZeichneBild;
   readln;
   LeaveGraphic;

end.
```

Figur 13

Die Prozeduren EnterGraphic und LeaveGraphic schalten die hochauflösende Graphik ein bzw. aus. Dies sind die Befehle, die die TURBO GRAPHIX TOOLBOX verwendet. Auf Ihrem PASCAL-System heißen diese Prozeduren möglicherweise anders, und Sie müssen EnterGraphic und LeaveGraphic dann entsprechend ersetzen. Die Prozeduren StandardFensterBild und ZeichneBild, die für die richtige Wahl des Maßstabs und die Ausgabe des Bildes auf den Bildschirm sorgen, sind Bestandteil von D2Pak1 und werden in 2.4 beschrieben.

Um Speicherplatz zu sparen, lassen wir für die Koordinaten der Punkte nur ganze Zahlen (Datentyp integer) zu, und dies ist für unsere Graphikanwendungen auch voll ausreichend. Bei Zwischenrechnungen (wie z.B. bei der Berechnung des Schnittpunkts von zwei Geraden) treten jedoch trotzdem häufig reelle Zahlen auf. Neben dem Datentyp PktTyp verwenden wir deshalb noch den Datentyp VektTyp (mit reellen Koordinaten) und zwei Prozeduren, die diese beiden Typen ineinander konvertieren:

```
procedure KonvPktVekt(p:PktTyp; var v:VektTyp); (* D2Pak1/D2Pak2 *)

(* Konvertiert p in v *)

var i:integer;

begin
   for i:=1 to 3 do v[i]:=p[i];
end; (* von KonvPktVekt *)


procedure KonvVektPkt(v:VektTyp; var p:PktTyp); (* D2Pak1/D2Pak2 *)

(* Konvertiert v in p *)

var i:integer;

begin
   for i:=1 to 3 do p[i]:=round(v[i]);
end; (* von KonvVektPkt *)
```

Einige Vektorrechnungen aus Abschnitt 2.1 werden wir im folgenden häufig benutzen. Sie sind als Prozeduren bzw. Funktionen im Programmpaket D2Pak1 enthalten:

```
procedure VektDiff(v1,v2:VektTyp; var v:VektTyp); (* D2Pak1/D2Pak2 *)

(* Berechnet v=v1-v2 *)

var i:integer;

begin
   for i:=1 to 3 do v[i]:=v1[i]-v2[i];
end; (* von VektDiff *)


function SkalProd(v1,v2:VektTyp):real; (* D2Pak1/D2Pak2 *)

(* Berechnet Skalarprodukt *)

var i:integer;
    p:real;

begin
   p:=0;
   for i:=1 to 3 do p:=p+v1[i]*v2[i];
   SkalProd:=p;
end; (* von SkalProd *)


function Laenge(v:VektTyp):real; (* D2Pak1/D2Pak2 *)

(* Berechnet die Länge des Vektors v *)

begin
   Laenge:=sqrt(SkalProd(v,v));
end; (* von Laenge *)


function Bogen(alpha:real):real; (* D2Pak1/D2Pak2 *)

(* Rechnet alpha von Grad in Bogenmaß um *)

begin
   Bogen:=alpha*0.017453;
end; (* von Bogen *)
```

Bei graphischen Anwendungen liegt die Anzahl der Punkte und Strecken oft nicht von vornherein fest, insbesondere kann auch das Verhältnis zwischen Punkt- und Streckenanzahl recht unterschiedlich sein, wie Sie an den verschiedenen Abbildungen in diesem Buch sehen können. Die von uns gewählte statische Datenstruktur (Speicherung von Punkten und Strecken in Feldern) erscheint deshalb dem Problem erheblich schlechter angepaßt als eine dynamische Speicherung mit Hilfe von Zeigervariablen. Nach einigen Experimenten mit solchen Datenstrukturen haben wir uns dennoch für die hier geschilderte statische Lösung entschieden. Ausschlaggebend hierfür waren vor allem zwei Nachteile bei der Benutzung von Zeigern:

Die Verwaltung von Zeigervariablen erfordert erheblichen zusätzlichen Speicherplatz. Die Speicherung der Punkte in einer verketteten Liste benötigt beispielsweise zusätzlich zu den 6 Byte für die drei (ganzzahligen) Koordinaten weitere 4 Byte für den Zeiger (auf einem 16-Bit-System).

Einfach zu programmierende dynamische Datenstrukturen, wie etwa die in [8] vorgeschlagene Speicherung von Punkten und Strecken in (linearen) verketteten Listen, führen gegenüber unserer Lösung zu deutlich längeren Rechenzeiten. (Zum Zeichnen der Strecke [**a**,**e**] muß im ungünstigsten Fall jeweils die gesamte Punktliste von Anfang bis Ende nach den Koordinaten von **a** und **e** durchsucht werden, während wir mit den Feldindizes a und e direkt darauf zugreifen können.)

Die Vermeidung von Zeigern hat außerdem den Vorteil, daß sich die Programme leichter in andere Programmiersprachen übertragen lassen und daß keine Kollisionen auftreten können, wenn man die Programme dieses Buchs zusammen mit kommerziellen Graphikpaketen (wie z.B. der TURBO GRAPHIX TOOLBOX) verwendet, die intern Zeiger benutzen.

Ein Nachteil ist aber bei unserer Lösung unvermeidlich. Es kann passieren, daß das Feld D2Pkt bereits vollständig mit Punkten gefüllt ist, während im Feld Strk noch reichlich Speicherplatz für weitere Strecken ungenutzt übrigbleibt - und bei der nächsten Anwendung unseres Programms ist es vielleicht gerade umgekehrt. Bei vielen Anwendungen kennt man jedoch das Verhältnis von Punkt- und Streckenzahl ungefähr, so daß man diesen Nachteil durch geeignete Wahl der Konstanten MaxD2PktZahl und MaxStrkZahl relativ klein halten kann.

Es ist nicht schwer, die Programme dieses Buches auf die in [8] dargestellte Lösung mit Zeigervariablen umzuschreiben. Wenn Sie allerdings die erwähnten Rechenzeitnachteile vermeiden wollen, müssen Sie einen größeren programmtechnischen Aufwand treiben, indem Sie Punkte und Strecken statt in linearen Listen z.B. in sogenannten ausgeglichenen Bäumen (vgl. [11]) speichern.

2.3 Abbildungen in der Ebene

In diesem Abschnitt studieren wir Abbildungen der Ebene (Translationen, Streckungen, Drehungen und Spiegelungen) und ihre computergerechte mathematische Beschreibung. Als Anwendung bringen wir dem Elefanten aus dem vorigen Abschnitt ein paar sportliche Übungen bei. Das Programm hierzu (mit dem auch die Bilder gemacht sind) finden Sie am Ende des Abschnitts.

Wir beginnen mit der Parallelveschiebung oder Translation, bei der die Punkte der Ebene alle um einen festen Betrag in eine fest vorgegebene Richtung verschoben werden. Rechnerisch wird eine Translation durch einen Vektor, den Translationsvektor $\mathbf{t}$ beschrieben, dessen Länge und Richtung den Betrag und die Richtung der Verschiebung angeben. Zu einem Punkt $\mathbf{p}$ erhält man den verschobenen Punkt $\mathbf{p}'$ einfach durch Addition des Vektors $\mathbf{t}$, also $\mathbf{p}' = \mathbf{p} + \mathbf{t}$ (s. Figur 7 in Abschnitt 2.1). Der linke Elefant aus Figur 14 ist aus dem rechten durch eine Parallelverschiebung mit dem Vektor $\mathbf{t}=(-180,0)$ entstanden.

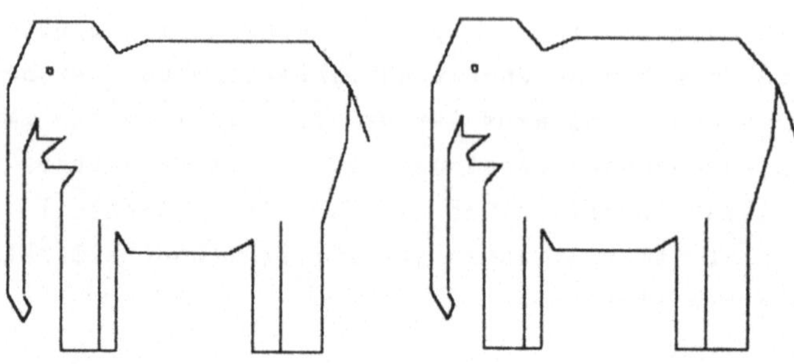

Figur 14

Eine Strecke [**a**,**b**] und die um **t** parallelverschobene Strecke sind zueinander parallel. Man erhält die verschobene Strecke, indem man die Endpunkte verschiebt und die Strecke zwischen den verschobenen Punkten zieht: [**a**+**t**,**b**+**t**]. Dies hat eine wichtige praktische Auswirkung:

> Eine Translation eines durch Punkte und Strecken in den Feldern D2Pkt und Strk definierten Objekts erhält man dadurch, daß man zu den Punkten in D2Pkt jeweils den Translationsvektor **t** addiert. Das Feld Strk bleibt unverändert.

Dieses Prinzip trifft auch auf die anderen hier behandelten Abbildungen zu (wovon Sie sich jeweils überzeugen sollten). Es ist der wesentliche Grund, warum man graphische Objekte meist in zwei Teilen speichert, einem "geometrischen Teil" (bei uns D2Pkt), der die Lage des Objekts in der Ebene beschreibt und sich bei Abbildungen ändert, und einem "kombinatorischen Teil" (bei uns Strk), der aussagt, "wer mit wem" (durch eine Strecke verbunden ist), und der bei Abbildungen unverändert bleibt.

In Abschnitt 2.1 hatten wir uns überlegt, daß die Multiplikation eines Vektors mit einer nicht-negativen Zahl s eine Änderung seiner Länge bei gleichbleibender Richtung bewirkt. Eine Abbildung der Ebene, bei der jeder Punkt **p** durch Multiplikation mit einer nicht-negativen Zahl s in den Bildpunkt p'=s*p übergeht, heißt eine Streckung mit Streckungsfaktor s. Man spricht auch dann von einer Streckung, wenn s<1 ist, d.h. wenn die Gegenstände nicht größer, sondern kleiner werden. Figur 15 zeigt den Elefanten in Originalgröße und in seinem Bauch ein mit dem Faktor 0.3 "gestrecktes" Exemplar. Die Elefantenfamilie in Figur 16 entsteht dadurch, daß man den Originalelefanten zunächst durch eine Streckung auf die gewünschte Größe bringt und ihn dann parallel verschiebt.

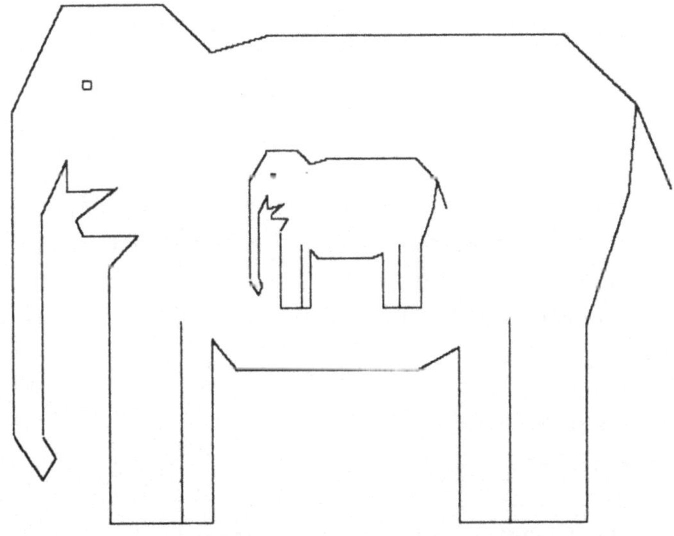

Figur 15

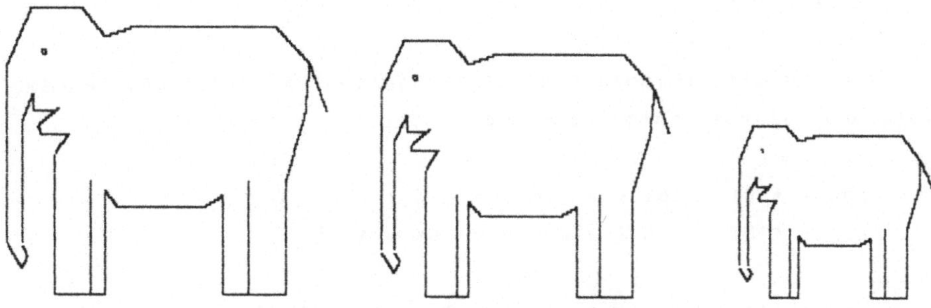

Figur 16

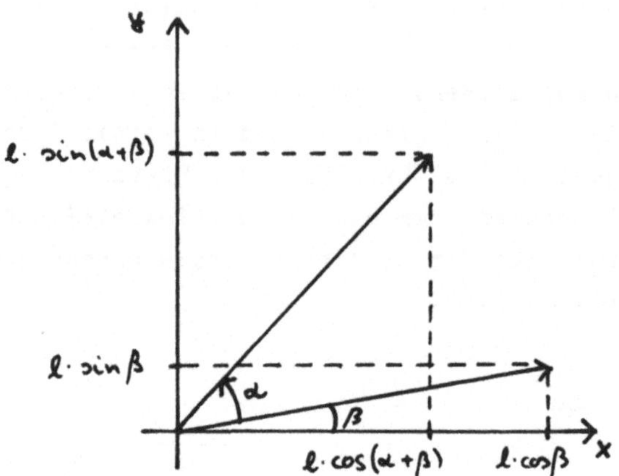

Figur 17

In Figur 17 ist die Drehung eines Vektors (x,y) dargestellt. Der Punkt, um den gedreht wird, ist der Koordinatenursprung (0,0), der Drehwinkel α. Ist β der Winkel, den der Vektor mit der x-Achse einschließt, und l seine Länge, so gilt für seine Koordinaten

$$x = l * \cos \beta$$
$$y = l * \sin \beta ,$$

und für die Koordinaten des gedrehten Vektors (x',y')

$$x' = l * \cos(\alpha + \beta)$$
$$y' = l * \sin(\alpha + \beta) .$$

Für die Winkelfunktionen sin und cos gelten die Additionstheoreme (die man in jeder Formelsammlung findet):

$$\cos(\alpha + \beta) = \cos \alpha * \cos \beta - \sin \alpha * \sin \beta$$
$$\sin(\alpha + \beta) = \sin \alpha * \cos \beta + \cos \alpha * \sin \beta .$$

Damit ergibt sich für die Koordinaten von (x',y') :

$$x' = 1 * \cos\alpha * \cos\beta - 1 * \sin\alpha * \sin\beta$$
$$y' = 1 * \sin\alpha * \cos\beta + 1 * \cos\alpha * \sin\beta$$

bzw. mit den Koordinaten x und y des ursprünglichen Vektors ausgedrückt:

$$x' = x * \cos\alpha - y * \sin\alpha$$
$$y' = x * \sin\alpha + y * \cos\alpha \,.$$

Diese Formeln zur Berechnung des gedrehten Vektors (x',y') lassen sich auch als Skalarprodukte des Vektors (x,y) mit den zwei Vektoren (cos α , -sin α) und (sin α , cos α) schreiben:

$$x' = \langle(\cos\alpha\,,\,-\sin\alpha),(x,y)\rangle$$
$$y' = \langle(\sin\alpha\,,\,\cos\alpha),(x,y)\rangle \,.$$

Für diese Situation, in der ein Vektor (x',y') aus einem Vektor (x,y) durch Bildung von zwei Skalarprodukten entsteht, gibt es eine besondere Schreibweise, die <u>Matrixschreibweise</u>, in der die beiden Formeln die Gestalt

$$\begin{pmatrix} x' \\ y' \end{pmatrix} = \begin{pmatrix} \cos\alpha & -\sin\alpha \\ \sin\alpha & \cos\alpha \end{pmatrix} \begin{pmatrix} x \\ y \end{pmatrix}$$

annehmen. Man schreibt dabei die beiden Vektoren (cos α , -sin α) und (sin α ,cos α) in die Zeilen eines - <u>2x2-Matrix</u> genannten - quadratischen Schemas und definiert das <u>Produkt</u> dieser Matrix mit dem Vektor (x,y) als den Vektor (x',y'), dessen Koordinaten als Skalarprodukt von (x,y) mit den beiden Zeilen der Matrix entstehen. In der Matrixschreibweise schreibt man die Koordinaten der Vektoren (x,y) und (x',y') unter- nicht nebeneinander (sog. <u>Spaltenvektoren</u>). In Formeln mit Matrizen (das ist der Plural von Matrix) werden wir Spaltenvektoren schreiben, im übrigen aber unsere alte Zeilenschreibweise für Vektoren beibehalten.

Allgemein ist eine 2x2-Matrix ein quadratisches Schema aus vier Zahlen $a_{11}, a_{12}, a_{21}, a_{22}$, und das Produkt dieser Matrix mit dem Vektor (x,y) ist der durch

$$\begin{pmatrix} a_{11} & a_{12} \\ a_{21} & a_{22} \end{pmatrix} \begin{pmatrix} x \\ y \end{pmatrix} = \begin{pmatrix} \langle (a_{11},a_{12}),(x,y)\rangle \\ \langle (a_{21},a_{22}),(x,y)\rangle \end{pmatrix}$$

definierte Vektor. Beachten Sie, daß bei a_{ij} der vordere Index i die Zeile und der hintere Index j die Spalte angibt, in der a_{ij} steht. Abgekürzt werden wir Matrizen durch fettgedruckte Großbuchstaben symbolisieren (entsprechend dem Gebrauch fetter Kleinbuchstaben für Vektoren).

In unseren Programmen speichern wir Matrizen in 2-dimensionalen Feldern, die Zahl a_{ij} im Feldelement A[i,j]. Das Produkt Matrix mal Vektor führen wir mit der folgenden Prozedur MatVekt aus, die die obige Definition dieses Produkts direkt umsetzt und dabei die Funktion SkalProd aus Abschnitt 2.2 ausnutzt. (Dabei haben wir die beteiligten Datenstrukturen - ähnlich wie D2Pkt im vorigen Abschnitt - wieder etwas größer gewählt, damit wir sie später für 3D-Graphik weiterverwenden können.)

```
procedure MatVekt(A:MatTyp; v:VektTyp; var w:VektTyp); (* D2Pak1/D2Pak2 *)

(* Berechnet w=Av *)

var i:integer;

begin
   for i:=1 to 3 do w[i]:=SkalProd(A[i],v);
end; (* von MatVekt *)
```

Der auf S. 26 definierte Variablentyp MatTyp ist ein Feld der Größe 3x3. Zur Speicherung von 2x2-Matrizen benutzen wir nur den "linken oberen" Teil dieses Feldes, also die Feldelemente A[i,j], bei denen die Indizes i, j nur die Werte 1 und 2 annehmen. Die übrigen Elemente des Feldes setzen wir gleich Null. Der Typ MatTyp paßt zum Typ VektTyp, der einen Vektor (x,y,z) mit drei Koordinaten darstellt, von denen wir zunächst nur die beiden ersten, x und y, nutzen und z=0 setzen. Die auf S. 31 aufgelistete Prozedur SkalProd berechnet dann tatsächlich das auf S. 20 definierte Skalarprodukt und die Prozedur MatVekt das Produkt Matrix mal Vektor.

Um die Prozedur MatVekt so einfach auf die Funktion SkalProd zurückzuführen, haben wir übrigens einen kleinen programmtechnischen Trick angewandt. Wir haben das Feld A nämlich nicht als 2-dimensionales Feld, also als array [1..3,1..3] of real, definiert, sondern als array [1..3] of VektTyp, also als einen Vetkor der Länge drei, bei dem jede Koordinate ihrerseits wieder ein Vektor der Länge drei ist. Der Vektor A[i] ist dann die i-te Zeile der Matrix, und diesen Vektor A[i] setzen wir dann in die Prozedur SkalProd ein. Wenn Sie auf ein einzelnes Matrixelement a_{ij} zugreifen möchten, müssen Sie im Programm dafür streng genommen A[i][j] schreiben, aber in UCSD- und TURBO-PASCAL ist auch ein Zugriff durch A[i,j] möglich, so als wäre A ein gewöhnliches 2-dimensionales Feld.

Figur 18

Wir wollen nun noch zwei weitere Abbildungen durch 2x2-Matrizen beschreiben. Die Streckung mit Streckungsfaktor s läßt sich durch die folgende Matrix **S** ausdrücken. Die Matrix **R** bewirkt eine Abbildung, die wir bisher noch nicht in unserem Repertoire hatten, nämlich eine Spiegelung an der y-Achse (Figur 18). (Wie sieht die Matrix einer Spiegelung an der x-Achse aus?)

$$S = \begin{pmatrix} s & 0 \\ 0 & s \end{pmatrix} \qquad R = \begin{pmatrix} -1 & 0 \\ 0 & 1 \end{pmatrix}$$

Eine Translation läßt sich (außer im uninteressanten Fall, daß **t**=(0,0) ist) nicht durch eine 2x2-Matrix darstellen. (Dazu müssen Sie sich nur überlegen, was herauskommt, wenn man das Produkt einer beliebigen Matrix mit dem Vektor (0,0) bildet.)

Matrizen sind nicht nur zur Beschreibung von Abbildungen nützlich, sondern auch zur knappen Darstellung linearer Gleichungssysteme. Beispielsweise sieht das Gleichungssystem, mit dem wir auf S. 18 den Schnittpunkt der beiden Geraden g und h berechnet haben, in Matrixform so aus:

$$\begin{pmatrix} 4 & -8 \\ 1 & 6 \end{pmatrix} \begin{pmatrix} t \\ s \end{pmatrix} = \begin{pmatrix} 0 \\ 2 \end{pmatrix} .$$

Bis jetzt haben wir die Matrixschreibweise einfach als eine abkürzende Schreibweise zur Zusammenfassung mehrerer Skalarprodukte kennengelernt, die wir zur Beschreibung gewisser Abbildungen und Gleichungssysteme gebrauchen können. Programmtechnisch hat sich diese Abkürzung in der Prozedur MatVekt niedergeschlagen, die unsere Programme häufig vereinfachen wird. Matrizen sind aber weit mehr, als nur eine "Abkürzung für mehrere Skalarprodukte". (In der Tat sind Matrizen ein sehr wesentliches Werkzeug in vielen Zweigen der modernen Mathematik und ihrer Anwendungen.) Mit Matrizen kann man nämlich verschiedene algebraische Operationen, ähnlich dem Rechnen mit Zahlen, ausführen, und damit z.B. komplexe geometrische Sachverhalte einfach und übersichtlich darstellen. Ein Beispiel hierfür ist das Matrizenprodukt, das wir jetzt einführen und in Kapitel 4 ausgiebig anwenden werden.

Mit Matrizen kann man nicht nur eine einzige Abbildung beschreiben, wie z.B. eine Drehung oder eine Spiegelung, man kann vielmehr auch die Hintereinanderausführung solcher Abbildungen jeweils zu einer Matrix zusammenfassen, also etwa die Abbildung, die sich ergibt, wenn man erst eine Drehung ausführt und dann noch eine Spiegelung. Diese Zusammenfassung geschieht durch das Matrizenprodukt, eine Rechenvorschrift, mit der man aus zwei Matrizen **A** und **B** eine neue Matrix **C** gewinnt: **A*B=C**. Um das Matrizenprodukt möglichst einfach auszudrücken, schreiben wir die Matrix **A** als Zusammenfassung ihrer Zeilenvektoren $\mathbf{a}_1=(a_{11},a_{12})$ und $\mathbf{a}_2=(a_{21},a_{22})$ und die Matrix **B** als Zusammenfassung ihrer Spaltenvektoren $\mathbf{b}_1=(b_{11},b_{21})$ und $\mathbf{b}_2=(b_{12},b_{22})$:

$$\mathbf{A} = \begin{pmatrix} a_{11} & a_{12} \\ a_{21} & a_{22} \end{pmatrix} = \begin{pmatrix} \mathbf{a}_1 \\ \mathbf{a}_2 \end{pmatrix} \quad , \quad \mathbf{B} = \begin{pmatrix} b_{11} & b_{12} \\ b_{21} & b_{22} \end{pmatrix} = (\ \mathbf{b}_1 \quad \mathbf{b}_2 \ )$$

Das Matrizenprodukt **A*B** ist dann folgendermaßen durch Skalarprodukte der Vektoren $\mathbf{a}_1,\mathbf{a}_2$ und $\mathbf{b}_1,\mathbf{b}_2$ definiert:

$$\mathbf{A*B} = \begin{pmatrix} \langle \mathbf{a}_1,\mathbf{b}_1 \rangle & \langle \mathbf{a}_1,\mathbf{b}_2 \rangle \\ \langle \mathbf{a}_2,\mathbf{b}_1 \rangle & \langle \mathbf{a}_2,\mathbf{b}_2 \rangle \end{pmatrix}$$

Man erhält also die erste Spalte der Matrix **A*B** dadurch, daß man die Matrix **A** mit dem Vektor $\mathbf{b}_1$ multipliziert und analog die zweite Spalte von **A*B** durch $\mathbf{A}\mathbf{b}_2$. Als Zahlenbeispiel betrachten wir die Matrix **A** einer Spiegelung an der y-Achse und die Matrix **B** einer Drehung um 90° (gegen den Uhrzeigersinn):

$$\begin{pmatrix} -1 & 0 \\ 0 & 1 \end{pmatrix} * \begin{pmatrix} 0 & -1 \\ 1 & 0 \end{pmatrix} = \begin{pmatrix} 0 & 1 \\ 1 & 0 \end{pmatrix}$$

A*B beschreibt nun die Abbildung, die man erhält, wenn man erst die durch **B** beschriebene Drehung ausführt und dann die durch **A** gegebene Spiegelung (nicht umgekehrt!). Wenn Sie das Produkt **B*A** ausrechnen, erhalten Sie eine andere Matrix! **B*A** beschreibt die Abbildung, die sich ergibt, wenn man erst spiegelt (Matrix **A**) und dann dreht (Matrix **B**) - und dies ist eine andere Abbildung, wie Sie leicht ausprobieren können, indem Sie z.B. verfolgen, wohin der Punkt (1,0) im einen und im anderen Fall abgebildet wird. Die vom Rechnen mit Zahlen gewohnte Regel a*b=b*a gilt also für das Matrizenprodukt nicht. Weitere Informationen über Matrizen können Sie z.B. in [9] nachlesen.

Die Figuren in diesem Abschnitt lassen sich mit dem folgenden Programm Superfant zeichnen (allerdings nur die Elefanten). Sein Kernstück ist die Prozedur Elef2, die den gleichen Elefanten erzeugt wie Elef1, aber um den Faktor groesse gestreckt, den Winkel alpha (gegen den Uhrzeigersinn) gedreht, an der y-Achse gespiegelt (falls sp=true) und um den Translationsvektor (t1,t2) verschoben. Den Hauptteil von Elef2 müssen Sie übrigens nicht neu eingeben. Sie brauchen lediglich im Hauptteil von Elef1 den Aufruf von D2PktEin durch PuEin zu ersetzen.

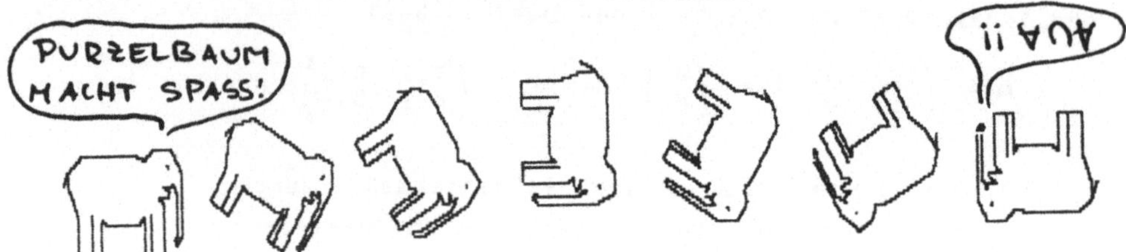

Figur 19

```
procedure Elef2(groesse,alpha:real; sp:boolean; t1,t2:integer);

(* Macht beweglichen Elefanten *)

var i,start:integer;
    M:MatTyp;

   procedure DrehMat(alpha:real; var M:MatTyp);

   (* Erzeugt die Drehmatrix *)

   var i,j:integer;

   begin
      alpha:=bogen(alpha);
      for i:=1 to 3 do
         for j:=1 to 3 do M[i,j]:=0;
      M[3,3]:=1;
      M[1,1]:=cos(alpha); M[1,2]:=-sin(alpha);
      M[2,1]:=sin(alpha); M[2,2]:=cos(alpha);
   end;

   procedure PuEin(a,b,c:real);

   (* Punkt (a,b,c) wird mit Faktor groesse gestreckt,
   (* mit Matrix M transformiert, *)
   (* an y-Achse gespiegelt (falls sp<0), *)
   (* um (t1,t2,0) verschoben und in D2Pkt gespeichert *)

   var v,w:VektTyp;
```

```
    begin
      v[1]:=groesse*a; v[2]:=groesse*b; v[3]:=groesse*c;
      MatVekt(M,v,w);
      if sp then w[1]:=-w[1];
      a:=w[1]+t1; b:=w[2]+t2; c:=w[3];
      D2PktEin(a,b,c);
    end;

  begin (* Hauptteil von Elef2 *)

    DrehMat(alpha,M);
    start:=D2PktZahl+1;

    (* Umriß (29 Punkte und Kanten) *)
    PuEin(-80,23,0); PuEin(-68,47,0); PuEin(-44,47,0);
    PuEin(-33,36,0); PuEin(-20,40,0); PuEin(50,40,0);
    PuEin(67,24,0); PuEin(65,4,0); PuEin(55,-25,0);
    PuEin(55,-70,0); PuEin(25,-70,0); PuEin(25,-30,0);
    PuEin(15,-35,0); PuEin(-27,-35,0); PuEin(-33,-28,0);
    PuEin(-33,-70,0); PuEin(-57,-70,0); PuEin(-57,-12,0);
    PuEin(-50,-5,0); PuEin(-63,-5,0); PuEin(-65,-1,0);
    PuEin(-55,6,0); PuEin(-67,5,0); PuEin(-67,12,0);
    PuEin(-73,0,0); PuEin(-73,-50,0); PuEin(-70,-55,0);
    PuEin(-73,-60,0); PuEin(-80,-50,0);
    for i:=start to D2PktZahl-1 do StrkEin(i,i+1,0);
    StrkEin(start,D2PktZahl,0);

    (* Beine (4 Punkte, 2 Strecken) *)
    PuEin(-40,-24,0); PuEin(-40,-70,0);
    StrkEin(D2PktZahl-1,D2PktZahl,0);
    PuEin(37,-24,0); PuEin(37,-70,0);
    StrkEin(D2PktZahl-1,D2PktZahl,0);

    (* Schwanz (1 Punkt, 1 Strecke) *)
    PuEin(75,5,0); StrkEin(start+6,D2PktZahl,0);

    (* Auge (4 Punkte und Strecken) *)
    start:=D2PktZahl+1;
    PuEin(-63,30,0); PuEin(-61,30,0);
    PuEin(-61,28,0); PuEin(-63,28,0);
    for i:=start to D2PktZahl-1 do StrkEin(i,i+1,0);
    StrkEin(start,D2PktZahl,0);

  end; (* von Elef2 *)
```

Das Programm Superfant zeichnet nun alle Elefanten dieses Abschnitts jeweils durch mehrfachen Aufruf von Elef2 mit verschiedenen Parametern. Durch Vergleich des Programmlistings mit den einzelnen Figuren können Sie sich die Wirkungsweise der verschiedenen Abbildungen übrigens auch noch einmal veranschaulichen, ohne daß Sie Ihren Computer dazu einschalten müssen.

```
program Superfant;

(** Demonstriert Abbildungen in der Ebene am beweglichen Elefanten **)

(********** Einbindung der Routinen zur Graphikansteuerung **********)
(* Hier z.B. Includefiles der TURBO GRAPHIX TOOLBOX                 *)
(********************************************************************)

(************* Einbindung der Programme aus diesem Buch *************)
(* $I d2pak1.pas                                                    *)
(* $I elef2.pas                                                     *)
(********************************************************************)

var wahl:integer;

begin (* Hauptteil von Superfant *)

   wahl:=1;

   while (wahl>0) do begin

      ClrScr; writeln('Demo für Bewegungen in der Ebene'); writeln;
      writeln('Zeichnet Figuren 14 bis 19 aus dem Buch'); writeln;
      writeln('Nach jeder Zeichnung mit RETURN zurück zu diesem Menu');
      writeln; writeln;
      write('Nummer der gewünschten Figur (oder 0 für Ende) : ');
      readln(wahl);

      D2Loesch;

      case wahl of
         14:begin
               Elef2(1,0,false,0,0);
               Elef2(1,0,false,-180,0);
            end;
         15:begin
               Elef2(1,0,false,0,0); Elef2(0.3,0,false,0,0);
            end;
         16:begin
               Elef2(1,0,false,0,0);
               Elef2(0.9,0,false,170,-7);
               Elef2(0.6,0,false,320,-28);
            end;
```

```
      17:begin
           ClrScr;
           writeln('Ich kann nur Elefanten zeichnen.'); writeln;
           writeln('Figur 17 ist kein Elefant !!');
           writeln; writeln;
           write('weiter mit RETURN'); readln;
        end;
      18:begin
           Elef2(1,0,false,0,0); Elef2(1,0,true,-170,0);
        end;
      19:begin
           Elef2(1,0,true,0,0); Elef2(1,30,true,200,20);
           Elef2(1,60,true,400,40); Elef2(1,90,true,600,60);
           Elef2(1,120,true,800,40); Elef2(1,150,true,1000,20);
           Elef2(1,180,true,1200,0);
        end;
    end;

    if (wahl in [14,15,16,18,19]) then begin
      StandardFensterBild;
      EnterGraphic; ClearScreen; Rahmen;
      ZeichneBild; readln;
      LeaveGraphic;
    end;

  end;

end.
```

2.4 Fenstertransformation und Clipping

Bisher haben wir uns noch keine großen Gedanken darüber gemacht, wie der Computer unsere Graphikstruktur, die ja in Form der beiden Felder D2Pkt und Strk noch recht wenig mit einem fertigen Bild zu tun hat, auf den Bildschirm bringt. Wir hatten hierzu lediglich bemerkt, daß unser Programmpaket D2Pak1 eine Prozedur ZeichneBild enthält, die dies besorgt, und eine weitere Prozedur StandardFensterBild, die sicherstellt, das dies in einem einigermaßen vernünftigen Maßstab geschieht. Die Wirkungsweise dieser Prozeduren und einiger weiterer wollen wir nun darstellen.

Es ist klar, daß wir für unsere Graphiken nicht die gesamte (unendlich ausgedehnte) Ebene benötigen, sondern mit einem beschränkten Ausschnitt davon auskommen. Da der Bildschirm rechteckig ist, nimmt man als Ausschnitt der Ebene praktischerweise ebenfalls ein Rechteck. Dieses Rechteck nennt man das Fenster.

In unseren Programmen werden die linke, rechte, obere und untere Begrenzung des Fensters durch die zu Beginn von Abschnitt 2.2 eingeführten globalen Variablen FensterLI, FensterRE, FensterOB und FensterUN definiert. Durch die Wertzuweisungen FensterLI:=xmin, FensterRE:=xmax, FensterOB:=ymax und FensterUN:=ymin (xmin, xmax etc. wurden in 2.2 erläutert) kann man also erreichen, daß alle Punkte der Graphik innerhalb des Fensters liegen. Das gilt dann auch für alle Strecken zwischen diesen Punkten - denn das Fenster ist ein Beispiel für ein konvexes Polygon (vgl. S. 24). Mit dieser Wahl der Fenstergrößen können wir also die gesamte Graphik betrachten, gewissermaßen in der Totalen. Durch Wahl eines kleineren (Teil-) Fensters kann man einzelne Ausschnitte vergrößert darstellen (Zoomeffekt).

Nachdem wir durch das Fenster den Ausschnitt der Graphik definiert haben, den wir betrachten wollen, haben wir nun die Aufgabe, das Fenster auf den gesamten Bildschirm oder einen rechteckigen Ausschnitt davon abzubilden. Diesen Ausschnitt nennen wir den Bildausschnitt. Die globalen Variablen BildLI, BildRE, BildOB und BildUN geben die Begrenzungen des Bildausschnitts an. Zum Setzen der Grenzen von Fenster und Bildausschnitt verwenden wir die beiden Prozeduren:

```
procedure SetzBild(links,unten,rechts,oben:integer); (* D2Pak1/D2Pak2 *)

(* Setzt Grenzen des Bildausschnitts *)

begin
   BildLI:=links; BildRE:=rechts;
   BildOB:=oben; BildUN:=unten;
end; (* von SetzBild *)
```

```
procedure SetzFenster(links,unten,rechts,oben:integer); (* D2Pak1/D2Pak2 *)

(* Setzt Fenstergrenzen *)

begin
   FensterLI:=links; FensterRE:=rechts;
   FensterOB:=oben; FensterUN:=unten;
end; (* von SetzFenster *)
```

Die Bildpunkte eines Graphikbildschirms lassen sich in der Regel durch ein Paar (x,y) (meist ganzzahliger) Koordinaten (Bildschirmkoordinaten) ansprechen, wobei x und y zwischen 0 und gewissen Höchstgrenzen liegen. Diese Höchstgrenzen sind von der jeweiligen Graphikhardware abhängig und bei verschiedenen Rechnern unterschiedlich. Damit man unsere Programme leicht an verschiedene Rechner anpassen kann, haben wir (in 2.2) die Konstanten SchirmBreite und SchirmHoehe eingeführt, die die Höchstgrenzen für x und y angeben. Wenn also Ihre bisherigen Experimente mit den Programmen eher urige als hübsche Graphiken zum Ergebnis hatten, sollten Sie diese Konstanten auf die für Ihren Rechner passenden Werte setzen. Mit dem Prozeduraufruf

```
SetzBild(0,0,SchirmBreite,SchirmHoehe)
```

legen Sie dann den ganzen Bildschirm als Bildausschnitt fest. Bei vielen Graphiksystemen liegt der Nullpunkt (0,0) in der linken oberen Ecke - und nicht (wie es sich in der Mathematik gehört!) in der linken unteren Ecke. In diesem Fall müssen Sie die Konstante KopfStand auf den Wert true setzen. (Wenn Sie's vergessen, steht Ihr Bild Kopf!)

Mit der folgenden Fenstertransformation bilden wir nun das Fenster auf den Bildausschnitt ab. Es sei $\mathbf{p}$ ein (in D2Pkt gespeicherter) Punkt unserer Graphikstruktur. Er soll auf den Punkt $\mathbf{p}'$ des Bildausschnitts (in Bildschirmkoordinaten) abgebildet werden. Haben die linke untere Ecke des Fensters und des Bildausschnitts beide die Koordinaten (0,0), so läßt sich die Fenstertransformation durch eine Matrix T beschreiben: $\mathbf{p}'=T\mathbf{p}$, wobei T die folgende Matrix ist:

$$T = \begin{pmatrix} s_x & 0 \\ 0 & s_y \end{pmatrix}$$

mit

s_x = (BildRE - BildLI) / (FensterRE - FensterLI)
s_y = (BildOB - BildUN) / (FensterOB - FensterUN)

Die Matrix T ist verwandt mit der Matrix der Streckung aus dem vorigen Abschnitt, nur wird hier gewissermaßen mit (möglicherweise) verschiedenen Streckungsfaktoren s_x und s_y in x- und y-Richtung gestreckt.

Den allgemeinen Fall, daß die linke untere Ecke des Fensters bzw. des Bildausschnitts ein beliebiger Punkt **f** bzw. **b** ist, führen wir auf den obigen Spezialfall **f**=(0,0) und **b**=(0,0) zurück: Zuerst verschieben wir das Fenster mit dem Translationsvektor -**f**, wobei seine linke untere Ecke in den Koordinatenursprung wandert. Der Punkt **p** geht dabei in den Punkt **p**-**f** über. Das verschobene Fenster bilden wir dann mit der Matrix T auf den Bildausschnitt ab, allerdings auf den verschobenen Bildausschnitt, dessen linke untere Ecke im Koordinatenursprung liegt. Dabei wird der Punkt **p**-**f** auf den Punkt T(**p**-**f**) abgebildet. Durch eine Translation mit Translationsvektor **b** müssen wir den Bildausschnitt schließlich noch so verschieben, daß seine linke untere Ecke der Punkt **b** wird. Zusammengefaßt erhalten wir den Bildpunkt **p**' des Punktes **p** unter der Fenstertransformation durch die Matrixgleichung:

$$\mathbf{p}' = T(\mathbf{p}-\mathbf{f}) + \mathbf{b}$$

```
procedure Zeichne(va,ve:VektTyp; farbe:integer); (* D2Pak1/D2Pak2 *)

(* Transformiert die (Projektion der) Strecke [va,ve] vom Fenster *)
(* zum Bildausschnitt und zeichnet sie. *)

label 0;

var   BildBreite,BildHoehe,FensterBreite,FensterHoehe:integer;
      ax,ay,ex,ey,hilf:real;
      sicht:boolean;
```

```
begin

  ClipStrecke(va,ve,sicht);
  if not sicht then goto 0;

  ax:=va[1]; ay:=va[2]; ex:=ve[1]; ey:=ve[2];

  (* Strecke wird immer "von rechts nach links" gezeichnet, damit beim  *)
  (* doppelten Zeichnen keine dickere Linie entsteht:                   *)
  if (ax<ex) then begin
    hilf:=ax; ax:=ex; ex:=hilf;
    hilf:=ay; ay:=ey; ey:=hilf;
  end;

  (* Transformation Fenster auf Bildausschnitt *)
  BildBreite:=BildRE-BildLI; FensterBreite:=FensterRE-FensterLI;
  ax:=BildBreite/FensterBreite*(ax-FensterLI)+BildLI;
  ex:=BildBreite/FensterBreite*(ex-FensterLI)+BildLI;
  BildHoehe:=BildOB-BildUN; FensterHoehe:=FensterOB-FensterUN;
  ay:=BildHoehe/FensterHoehe*(ay-FensterUN)+BildUN;
  ey:=BildHoehe/FensterHoehe*(ey-FensterUN)+BildUN;

  (* Korrektur, falls (0,0) in Bildschirmkoord. links oben *)
  if KopfStand then begin
    ay:=BildHoehe-ay;
    ey:=BildHoehe-ey;
  end;

(*********** Zeichenprozedur, geräteabhängig, hier TURBO GRAPHIX *********)
(**)   (* farbe<0: nichts zeichnen *)                                    (**)
(**)   if (farbe>=0) then begin                                           (**)
(**)      (* farbe=255 für Radieren *)                                    (**)
(**)      if (farbe=255) then begin SetColorBlack; SetLineStyle(0) end (**)
(**)      else SetLineStyle(farbe);                                       (**)
(**)      DrawLine(ax,ay,ex,ey);                                          (**)
(**)   end;                                                               (**)
(**)   SetLineStyle(0); SetColorWhite;                                    (**)
(************************************************************************)

0:end; (* von Zeichne *)
```

Die Prozedur Zeichne transformiert die Punkte va und ve aus dem Fenster auf den Bildausschnitt und zeichnet die Strecke [va,ve]. Im einzelnen geschieht in der Prozedur folgendes:

Zu Beginn wird eine Prozedur ClipStrecke aufgerufen, die u.a. der Variablen sicht den Wert true oder false zuweist. Die Wirkung dieser Prozedur, die den Fall behandelt, daß die Strecke [**va**,**ve**] nicht vollständig im Fenster liegt, und sie dann an den Fensterrändern "abschneidet", besprechen wir am Ende dieses Abschnitts. Zunächst nehmen wir einmal an, daß [**va**,**ve**] vollständig im Fenster liegt. Dann ist sicht=true, und wir müssen uns um die Prozedur ClipStrecke nicht weiter kümmern. (Die GOTO-Anweisung verwenden wir übrigens nur, wie hier, als "Notausgang" einer Prozedur.)

Bei einigen Anwendungen in den folgenden Kapiteln wird es vorkommen, daß Strecken doppelt gezeichnet werden. (Dies kann man allerdings durch zusätzlichen Programmieraufwand vermeiden.) Bei der Darstellung von Strecken auf dem Bidschirm erhält man etwas unterschiedliche Ergebnisse, je nachdem, ob man die Strecke von **va** nach **ve** zeichnet oder umgekehrt von **ve** nach **va**. Beim zweifachen Zeichnen kann eine Strecke deshalb "verdickt" erscheinen. Diesen unschönen Effekt vermeiden wir dadurch, daß wir zu Beginn der Prozedur Zeichne sicherstellen, daß die Strecken immer in der gleichen Richtung gezeichnet werden.

Im Teil (* Transformation Fenster auf Bildausschnitt *) wird die eigentliche Fenstertransformation der Punkte **va** und **ve** ausgeführt. Die Gleichung der Fenstertransformation wird dabei nicht mit Hilfe der Prozeduren VektDiff und MatVekt ausgeführt, sondern in Formeln zur Berechnung der beiden Koordinaten der Bildpunkte zerlegt.

Unsere Beschreibung der Fenstertransformation setzt voraus, daß der Punkt (0,0) (in Bildschirkoordinaten) in der linken unteren Ecke des Bildausschnitts liegt. Liegt er stattdessen in der linken oberen Ecke (KopfStand=true), steht das Bild nach dieser Transformation auf dem Kopf. Wir drehen es dann um, indem wir es zunächst an der x-Achse spiegeln und anschließend um den Vektor (0,BildHoehe) verschieben.

In den eingerahmten Teil der Prozedur Zeichne müssen Sie die Anweisungen einsetzen, die in Ihrem PASCAL-System eine Strecke in hochauflösender Graphik zeichnen. Als Beispiel haben wir hier eine Lösung für die Ansteuerung der Graphik unter TURBO-PASCAL mit Hilfe der TURBO GRAPHIX TOOLBOX eingesetzt. Die auf Ihr System zugeschnittene Gestaltung des eingerahmten Teils und die passende Festlegung der Konstanten SchirmBreite, SchirmHoehe, KopfStand und Entzerr (davon später) sind die einzigen Modifikationen, die Sie zur Anpassung der Programme dieses Buches vornehmen müssen!

In unserer Graphikstruktur sind die Strecken im Feld Strk durch die Indizes ihrer Endpunkte im Feld D2Pkt gegeben. Die folgende Prozedur ZeichneStrecke bereitet diese Darstellung einer Strecke für die Prozedur Zeichne auf. Die Prozedur ZeichneBild zeichnet alle in Strk gespeicherten Strecken.

```
procedure ZeichneStrecke(strecke:StrkTyp); (* D2Pak1 *)

(* Zeichnet Strecke mit Hilfe der Prozedur Zeichne. *)

var va,ve:VektTyp;
    pa,pe:PktTyp;

begin
   pa:=D2Pkt[strecke.a]; pe:=D2Pkt[strecke.e];
   KonvPktVekt(pa,va); KonvPktVekt(pe,ve);
   Zeichne(va,ve,strecke.farbe);
end; (* von ZeichneStrecke *)


procedure ZeichneBild; (* D2Pak1 *)

(* Zeichnet alle Strecken *)

var i:integer;

begin
   for i:=1 to StrkZahl do ZeichneStrecke(Strk[i]);
end; (* von ZeichneBild *)
```

Mit der Prozedur Rahmen können wir die in einem Fenster enthaltene Graphik einrahmen. Dies ist vor allem dann nützlich, wenn der Bildausschnitt nur ein Teil des Bildschirms ist. Von dieser Möglichkeit werden wir im Abschnitt 6.3 noch ausgiebig Gebrauch machen.

```
procedure Rahmen; (* D2Pak1/D2Pak2 *)

(* Zeichnet einen Rahmen um Fenster *)

var va,ve:VektTyp;

begin
   va[1]:=FensterLI; va[2]:=FensterUN; ve[1]:=FensterRE; ve[2]:=FensterUN;
   Zeichne(va,ve,0);
   va[1]:=FensterRE; va[2]:=FensterOB;
   Zeichne(va,ve,0);
   ve[1]:=FensterLI; ve[2]:=FensterOB;
   Zeichne(va,ve,0);
   va[1]:=FensterLI; va[2]:=FensterUN;
   Zeichne(va,ve,0);
end; (* von Rahmen *)
```

Wir haben nun (fast) alles beisammen, um unsere Graphikstruktur auf den Bildschirm zu bringen. Mit dem Prozeduraufruf

SetzFenster(xmin,ymin,xmax,ymax)

können wir die Fenstergrenzen so setzen, daß gerade alles ins Fenster paßt. Die Prozedur ZeichneBild zeichnet uns dann das komplette Bild. Verfährt man so mit dem Purzelbaum schlagenden Elefanten aus Figur 19, so wird das arme Tier allerdings arg deformiert (Figur 20, man beachte die zoologisch wohl noch wenig erforschte Verwandtschaft zwischen Elefant und Dackel). Der Grund für diese verzerrte Abbildung ist das unterschiedliche Format von Fenster und Bildausschnitt:

> Eine unverzerrte Abbildung liefert die Fenstertransformation nur dann, wenn das Verhältnis von Höhe zu Breite bei Fenster und Bildausschnitt gleich ist.

Wir müssen also nicht das kleinste Fenster suchen, in das die Elefanten passen, sondern das kleinste Fenster, in das die Elefanten passen, und das zusätzlich das gleiche Format hat wie der Bildausschnitt. Dies leistet (nicht nur für Elefanten) die Prozedur StandardFensterBild.

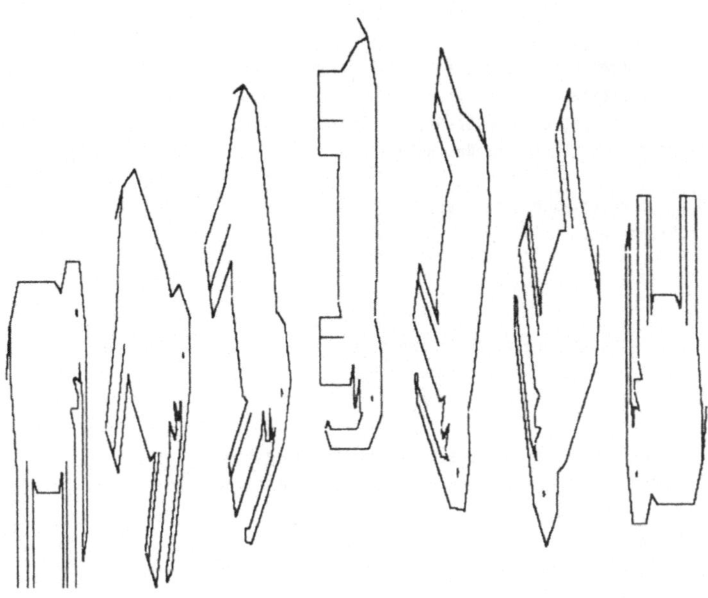

Figur 20

Unterschiedliches Format von Fenster und Bildausschnitt ist nicht die einzige Quelle von Bildverzerrungen. Eine andere Ursache ist, daß bei den meisten Graphiksystemen die Bildschirmkoordinaten in x- und y-Richtung verschiedene Längen definieren - ein Quadrat, in Bildschirmkoordinaten gezeichnet, erscheint auf dem Bildschirm als nicht quadratisches Rechteck. Schließlich können noch Verzerrungen durch den Monitor hinzukommen. Zum Ausgleich aller dieser Effekte haben wir die Konstante Entzerr eingeführt. Sie wird (ausschließlich) in der Prozedur StandardFensterBild benutzt, kann Ihre Wirkung also auch nur entfalten, wenn Sie diese Prozedur aufrufen.

Den richtigen Wert dieser Konstanten für Ihren speziellen Rechner müssen Sie experimentell ermitteln: Schreiben Sie ein Programm, das in D2Pkt und Strk ein Quadrat speichert, Fenster und Bildausschnitt mit StandardFensterBild formatiert und das Quadrat mit ZeichneBild zeichnet. Ändern Sie die Konstante Entzerr solange, bis Sie wirklich ein Quadrat auf dem Bildschirm sehen.

```
procedure StandardFensterBild; (* D2Pak1/D2Pak2 *)

(* Setzt ganzen Bildschirm als Bildschirmausschnitt. *)
(* Setzt kleinstes Fenster, in dem man noch alles sieht und das *)
(* sich unverzerrt auf den Bildschirm abbilden läßt. *)
(* Fenster wird ca. 10% größer gewählt. *)

var hoehe,breite,WahrHoehe:real;
    b,h:integer;

begin

   SetzBild(0,0,SchirmBreite,Schirmhoehe);
   hoehe:=ymax-ymin; breite:=xmax-xmin;
   WahrHoehe:=SchirmHoehe/Entzerr;

   if (breite/hoehe>=SchirmBreite/WahrHoehe) then begin
      h:=round((breite*WahrHoehe/SchirmBreite-hoehe)*0.55);
      b:=round(breite*0.05);
   end else begin
      b:=round((hoehe*SchirmBreite/WahrHoehe-breite)*0.55);
      h:=round(hoehe*0.05);
   end;

   SetzFenster(xmin-b,ymin-h,xmax+b,ymax+h);

end; (* von StandardFensterBild *)
```

Wenn man nicht die gesamte Graphik betrachten will, sondern nur einen Teilausschnitt, das Fenster also entsprechend kleiner wählt, tritt das Problem auf, daß einige Strecken ganz oder teilweise außerhalb des Fensters liegen (Figur 21). Diese Strecken müssen an den Rändern des Fensters abgeschnitten werden (sog. Clipping).In Figur 21 wird also [a,b] gar nicht gezeichnet und von [c,d] nur der durchgezogene Teil.

Bei vielen Rechnern (z.B. Apple unter UCSD-PASCAL) wird Clipping automatisch ausgeführt. Wenn Ihr Rechner das auch so macht - und Sie sich nicht dafür interessieren, wie er das macht - können Sie den Rest dieses Abschnitts übergehen. Um Platz und Rechenzeit zu sparen, sollten Sie dann aber die Prozedur ClipStrecke und ihren (einzigen) Aufruf in der Prozedur Zeichne aus dem Programm entfernen. Aus der Prozedur Zeichne muß dann auch noch die Variable sicht und der Sprung zur Marke 0 herausgenommen werden.

In Abschnitt 6.3 werden wir allerdings die Prozedur ClipStrecke in jedem Fall noch einmal benötigen.

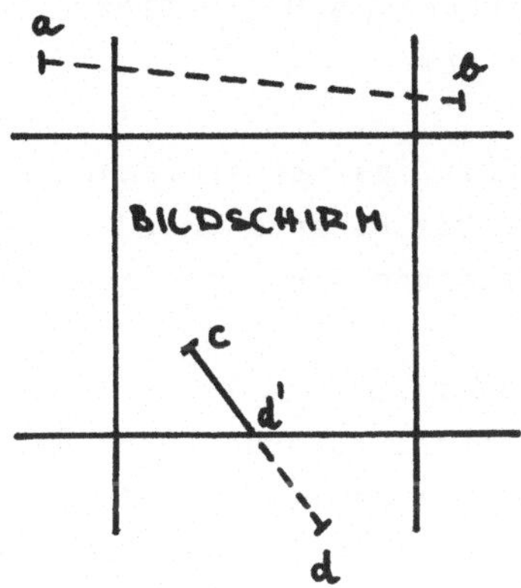

Figur 21

Clipping verlangt im Prinzip nur das Ausrechnen von Schnittpunkten von Geraden, wie wir es in Abschnitt 2.1 schon gemacht haben. Weil es sich aber um eine Grundfunktion handelt, die sehr häufig ausgeführt wird, lohnt es sich, sie im Hinblick auf Rechenzeitersparnis zu optimieren. Das häufigste Verfahren hierzu ist der Algorithmus von Cohen und Sutherland (vgl. [12]). Er beruht auf der folgenden Grundidee:

Durch die Bildschirmkanten (bzw. die Geraden, die man durch ihre Verlängerung erhält) wird die Ebene in 5 Teile aufgeteilt (Figur 21), nämlich in das Fenster und vier "vom Fenster abgewandte" Halbebenen: die Halbebene links von der linken Fensterkante, die Halbebene oberhalb der oberen Fensterkante, die Halbebene rechts von der rechten Fensterkante und die Halbebene unterhalb der unteren Fensterkante. (Daß sich diese Halbebenen teilweise überlappen, stört uns nicht.) Beim Verfahren von Cohen und Sutherland werden zunächst für beide Endpunkte der Strecke die Halbebenen bestimmt, in denen sie liegen. (Dies erfordert nur einfaches Testen von Ungleichungen.) An Hand dieser Informationen kann man oft bereits entscheiden, daß die gesamte Strecke außerhalb des Fensters liegt, also nicht gezeichnet werden muß:

> Liegen beide Endpunkte **a** und **b** der Strecke [**a**,**b**] in einer gemeinsamen der vier vom Fenster abgewandten Halbebenen, so liegt die ganze Strecke [**a**,**b**] in dieser Halbebene - also außerhalb des Fensters.

Die Begründung dieses Prinzips ist einfach: Halbebenen sind konvex (Abschnitt 2.1). Die Strecke [**a**,**b**] in Figur 21 ist damit bereits ohne weitere Rechnung als nicht sichtbar erkannt.

Bei der Strecke [**c**,**d**] führt dieses Kriterium nicht zum Ziel. Weil der Punkt **d** in der Halbebene unterhalb des Fensters liegt, wird nun der Schnittpunkt **d**' der Strecke [**c**,**d**] mit der unteren Fensterkante ausgerechnet und als neuer Endpunkt der Strecke genommen. Statt mit [**c**,**d**] setzen wir das Verfahren mit [**c**,**d**'] fort. Den Teil [**d**,**d**'] durften wir von [**c**,**d**] "abschneiden", weil er ganz in der Halbebene unter dem Fenster liegt, also keine sichtbaren Teile enthält. Die Strecke [**c**,**d**'] wird nun nach folgendem Prinzip als voll sichtbar erkannt:

> Liegt keiner der Endpunkte **c** und **d**' der Strecke [**c**,**d**'] in einer der vier vom Fenster abgewandten Halbebenen, so liegt die Strecke [**c**,**d**'] vollständig im Fenster.

Begründung ist wiederum die Konvexität, diesmal des Fensters: Beide Endpunkte **c** und **d**' liegen im Fenster, also auch die gesamte Strecke [**c**,**d**'].

Allgemein werden beim Algorithmus von Cohen und Sutherland solange (nicht sichtbare) Teile von der Strecke abgeschnitten, bis die restliche Strecke nach einem der beiden obigen Kriterien entweder als vollständig nicht sichtbar, oder als vollständig sichtbar erkannt wird.

Die Prozedur ClipStrecke realisiert diesen Algorithmus (wozu ausgiebig vom Datentyp Menge Gebrauch gemacht wird). Die Variable sicht erhält den Wert false, wenn die Strecke vollständig außerhalb des Fensters liegt, und true sonst. Im letzten Fall enthalten die Variablen va,ve die Endpunkte des sichtbaren Streckenteils.

```
procedure ClipStrecke(var va,ve:VektTyp; var sicht:boolean); (* D2Pak1/D2Pak2 *)


(* Clipt die Proj. der Strecke [va,ve] gegen Fenster *)
(* Sicht ist wahr, wenn Strecke sichtbar *)

label 0;

type Elemente=(links,rechts,unten,oben);
     Menge=set of Elemente;

var  x,y,ax,ay,ex,ey:real;
     m,ma,me:Menge;


  Procedure MachMenge(x,y:real; var m:Menge);

  (* Prüft, in welchen Bereichen (links, rechts, oben, unten) *)
  (* der Punkt (x,y) liegt, und gibt dies in m aus. *)

   begin
      m:=[];
      if x<FensterLI then m:=[links]
      else if x>FensterRE then m:=[rechts];
      if y<FensterUN then m:=m+[unten]
      else if y>FensterOB then m:=m+[oben];
   end;


begin (* Hauptteil von ClipStrecke *)

   sicht:=false;
   ax:=va[1]; ay:=va[2];
   ex:=ve[1]; ey:=ve[2];
   MachMenge(ax,ay,ma); MachMenge(ex,ey,me);

   while (ma<>[]) or (me<>[]) do begin

      if ma*me<>[] then goto 0;

      m:=ma; if ma=[] then m:=me;
```

```
      if links in m then begin
         (* Schnittpunkt mit linker Fensterkante *)
         y:=ay+(ey-ay)*(FensterLI-ax)/(ex-ax);
         x:=FensterLI;
      end else
         if rechts in m then begin
            (* Schnittpunkt mit rechter Fensterkante *)
            y:=ay+(ey-ay)*(FensterRE-ax)/(ex-ax);
            x:=FensterRE;
         end else
            if unten in m then begin
               (* Schnittpunkt mit unterer Fensterkante *)
               x:=ax+(ex-ax)*(FensterUN-ay)/(ey-ay);
               y:=FensterUN;
            end else
               if oben in m then begin
                  (* Schnittpunkt mit oberer Fensterkante *)
                  x:=ax+(ex-ax)*(FensterOB-ay)/(ey-ay);
                  y:=FensterOB;
               end;

      if m=ma then begin
         ax:=x; ay:=y; MachMenge(x,y,ma);
      end else begin
         ex:=x; ey:=y; MachMenge(x,y,me);
      end;

   end;

   (* Sichtbarer Streckenteil gefunden *)
   sicht:=true;
   va[1]:=ax; va[2]:=ay;
   ve[1]:=ex; ve[2]:=ey;

0:end; (* von ClipStrecke *)
```

3. Dreidimensionale Graphik

Hauptziel dieses Buches ist die computergraphische Darstellung räumlicher Objekte. Als Voraussetzung hierfür benötigen wir etwas analytische Geometrie im 3-dimensionalen Raum, die wir im Abschnitt 3.1 einführen. In 3.2 beschreiben wir die Datenstrukturen und einige Grundprozeduren zur 3D-Graphik als Grundlage der weiteren Programme. Im Abschnitt 3.3 behandeln wir Abbildungen (Drehungen, Verschiebungen etc.) im Raum. Die Inhalte der Abschnitte 3.1 und 3.3 ergeben sich zum großen Teil als direkte Verallgemeinerungen von Definitionen und Ergebnissen aus den Abschnitten 2.1 und 2.3.

3.1 Vektoren, Ebenen und Polytope

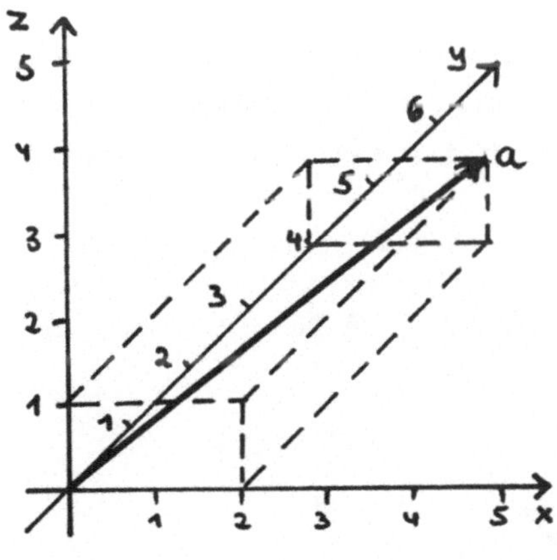

Figur 22

Im Abschnitt 2.1 haben wir einen Punkt der Ebene durch seine x- und y-Koordinate bezüglich eines rechtwinkligen Koordinatensystems dargestellt. Zu einer entsprechenden Darstellung eines Punktes im 3-dimensionalen Raum führen wir ein räumliches Koordinatensystem mit x-, y- und z-Achse ein. Ein Punkt im Raum wird dann durch seine drei Koordinaten bezüglich der x-, y- und z-Achse beschrieben. Für den Punkt **a** aus Figur 22 gilt also **a**=(2,4,1).

Die Ebene, die wir im vorigen Kapitel behandelt haben, kann man sich einfach als einen Teil des Raumes vorstellen, nämlich als die x,y-Ebene, die aus allen Punkten (x,y,z) mit z=0 besteht. In den Programmen des vorigen Kapitels haben wir diese Vorstellung bereits genutzt. Dort haben wir ja mit Datenstrukturen und Prozeduren gearbeitet, die bereits für Anwendungen in der 3D-Graphik ausgelegt waren, wobei wir die z-Koordinate immer gleich Null gesetzt haben. Für einen Punkt im Raum mit z≠0 gibt die z-Koordinate die "Höhe" des Punktes über der x,y-Ebene an.

Das Zahlentripel (x,y,z) bezeichnen wir als (3-dimensionalen) Vektor, den wir uns wieder als einen Pfeil vorstellen (Figur 22). Wie in der Ebene, werden wir auch im Raum nicht zwischen Punkten und Vektoren unterscheiden.

Die Summe von zwei Vektoren **a** und **b** führen wir - wie im ebenen Fall - als den Vektor ein, den man erhält, wenn man die Koordinaten von **a** und **b** getrennt für sich addiert, also z.B.

$$\mathbf{a} + \mathbf{b} = (2,2,4) + (5,4,1) = (2+5,2+4,4+1) = (7,6,5) \ .$$

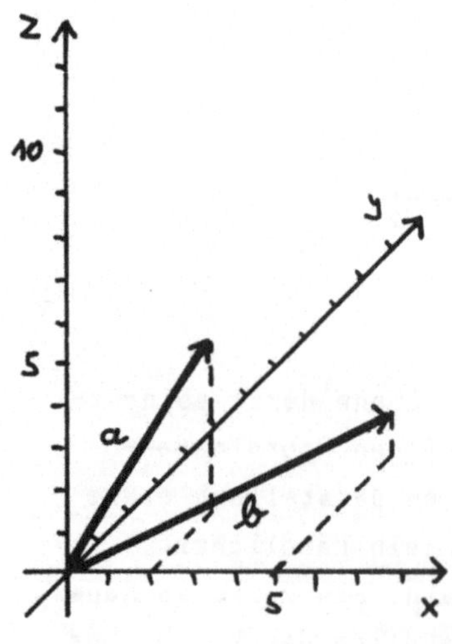

Figur 23

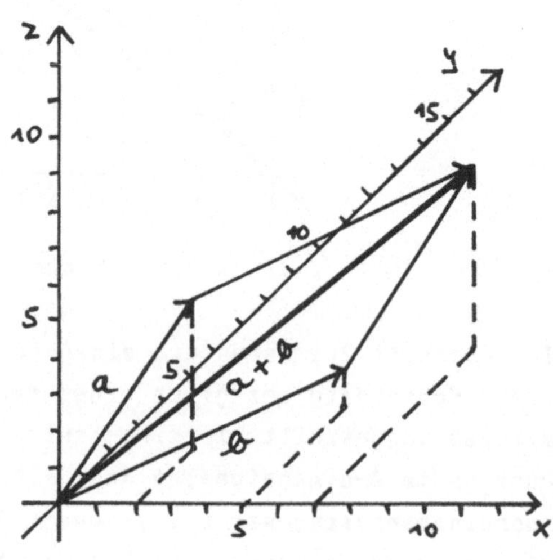

Figur24

Die anschauliche Vorstellung der Vektoraddition mit dem Kräfteparallelogramm gilt auch für Vektoren im Raum. Dabei liegt das Parallelogramm in der Ebene, die von den beiden Vektoren aufgespannt wird. Die Figuren 23 und 24 zeigen dies für das obige Zahlenbeispiel.

Die Multiplikation eines Vektors mit einer Zahl definieren. wir ebenfalls genau wie im vorigen Kapitel, also z.B.

$$0.5*(2,4,1) = (0.5*2 \ , \ 0.5*4 \ , \ 0.5*1) = (1 \ , \ 2 \ , \ 0.5) \ .$$

Auch hier ist die anschauliche Bedeutung die gleiche wie bei Vektoren in der Ebene. Der Vektor (2,4,1) wird also durch Multiplikation mit 0.5 ohne Änderung seiner Richtung auf die halbe Länge verkürzt. Multiplikation mit -1 kehrt die Richtung eines Vektors um, ohne seine Länge zu ändern.

Die Länge $|\mathbf{a}|$ eines Vektors $\mathbf{a}$ im Raum können wir auch wieder durch seine Koordinaten ausdrücken. Dazu betrachten wir zum Vektor $\mathbf{a}=(x,y,z)$ den Vektor $\mathbf{a}'=(x,y,0)$, die sogenannte (senkrechte) Projektion des Vektors $\mathbf{a}$ auf die x,y-Ebene. Aus Figur 22 entnehmen wir, daß der Koordinatenursprung und die beiden Punkte $\mathbf{a}$ und $\mathbf{a}'$ die Ecken eines rechtwinkligen Dreiecks sind. Nach dem Satz des Pythagoras ist also $|\mathbf{a}| = \sqrt{|\mathbf{a}'|^2 + z^2}$. $\mathbf{a}'$ ist ein Vektor der x,y-Ebene. Seine Länge ist gemäß Abschnitt 2.1 durch $\sqrt{x^2 + y^2}$ gegeben. Zusammengefaßt erhalten wir:

Die Länge des Vektors $\mathbf{a}=(x,y,z)$ ist $|\mathbf{a}| = \sqrt{x^2 + y^2 + z^2}$.

Das Skalarprodukt definieren wir ebenfalls in enger Anlehnung an den Fall ebener Vektoren:

Das <u>Skalarprodukt</u> zweier Vektoren $\mathbf{a}=(a_1,a_2,a_3)$ und $\mathbf{b}=(b_1,b_2,b_3)$ ist durch

$$\langle \mathbf{a},\mathbf{b}\rangle = a_1*b_1 + a_2*b_2 + a_3*b_3$$

definiert.

Wie im Fall der Ebene gilt auch hier für den <u>Winkel</u> α, den zwei Vektoren $\mathbf{a}$ und $\mathbf{b}$ einschließen:

$$\cos\alpha = \frac{\langle \mathbf{a},\mathbf{b}\rangle}{|\mathbf{a}|*|\mathbf{b}|} \quad .$$

Insbesondere stehen also zwei Vektoren wiederum genau dann <u>senkrecht</u> aufeinander, wenn ihr Skalarprodukt 0 ergibt.

Zu zwei Vektoren $\mathbf{a}$ und $\mathbf{b}$ können wir den Differenzvektor $\mathbf{b-a}$ bilden. Er läßt sich wie im Fall der Ebene (Figur 9) als ein Pfeil vom Punkt $\mathbf{a}$ zum Punkt $\mathbf{b}$ veranschaulichen. (Zeichnen Sie $\mathbf{b-a}$ in Figur 24 ein.) Damit hat die Gerade durch die Punkte $\mathbf{a}$ und $\mathbf{b}$ wörtlich die gleiche Parameterdarstellung wie in Abschnitt 2.1, nur daß $\mathbf{p},\mathbf{a},\mathbf{b}$ jetzt 3-dimensionale Vektoren sind:

> Die Gerade g durch die Punkte $\mathbf{a}$ und $\mathbf{b}$ besteht aus den Punkten $\mathbf{p}$ der Form
>
> $$\mathbf{p} = \mathbf{a} + t*(\mathbf{b}-\mathbf{a})$$
>
> wobei t alle (reellen) Zahlen durchläuft. Die Zahl t wird der <u>Parameter</u> zum Punkt $\mathbf{p}$ genannt. Entsprechend heißt eine solche Darstellung der Geraden g eine <u>Parameterdarstellung</u> von g. Der Vektor $\mathbf{b-a}$ heißt ein <u>Richtungsvektor</u> von g.

Das Gleiche gilt natürlich auch für die Parameterdarstellung einer Strecke. Die Punkte $\mathbf{p}$ der Strecke zwischen den beiden Punkten (2,2,4) und (5,4,1) aus Figur 23/24 haben beispielsweise die Gestalt $\mathbf{p} = (1-t)*(2,2,4) + t*(5,4,1)$, wobei der Parameter t von 0 bis 1 läuft.

Vielleicht erwarten Sie, daß wir Ihnen als nächstes eine "Normalendarstellung einer Geraden im Raum" servieren. Falsch geraten! Hier haben wir es nämlich ausnahmsweise einmal mit einer Abweichung von der direkten Analogie zwischen Ebene und Raum zu tun, bei der wir nur jeweils die dritte Koordinate anhängen mußten, um die Ergebnisse zu übertragen.

In Abschnitt 2.1 bildeten alle Vektoren der Ebene, die auf einem festen Vektor $\mathbf{n}$ senkrecht standen, eine Gerade durch den Koordinatenursprung. Betrachten wir einmal die gleiche Situation im Raum, und wählen wir $\mathbf{n} = (0,0,1)$. $\mathbf{n}$ ist also ein Vektor, der in Richtung der z-Achse zeigt. Die Vektoren $\mathbf{p}$ mit Anfangspunkt $(0,0,0)$, die auf $\mathbf{n}$ senkrecht stehen, für die also $\langle \mathbf{p},\mathbf{n}\rangle = 0$ gilt, sind von der Form $\mathbf{p} = (x,y,0)$. Diese Vektoren bilden keine Gerade, sondern eine Ebene, nämlich die x,y-Ebene. Dies gilt nicht nur für unsere spezielle Wahl des Vektors $\mathbf{n}$:

> Ist $\mathbf{n} \neq (0,0,0)$ ein beliebiger Vektor, so bilden die Vektoren $\mathbf{p}$, die senkrecht auf $\mathbf{n}$ stehen, $\langle \mathbf{p},\mathbf{n}\rangle = 0$, eine Ebene. Diese Darstellung einer Ebene durch den Koordinatenursprung heißt <u>Normalendarstellung</u>, $\mathbf{n}$ heißt ein <u>Normalenvektor</u> der Ebene.

Auf diese Weise können wir alle Ebenen durch den Koordinatenursprung beschreiben. Beispielsweise steht der Vektor $\mathbf{n}=(-14,18,-2)$ senkrecht auf den beiden Vektoren $\mathbf{a}=(2,2,4)$ und $\mathbf{b}=(5,4,1)$ aus Figur 23. Er steht damit auch senkrecht auf allen anderen Vektoren der von $\mathbf{a}$ und $\mathbf{b}$ aufgespannten Ebene, die das Kräfteparallelogramm aus Figur 24 enthält. $\mathbf{n}$ ist also ein Normalenvektor zu dieser Ebene. Die Ebene besteht damit aus den Punkten $\mathbf{p}$ mit $\langle \mathbf{p},(-14,18,-2)\rangle = 0$.

Ähnlich wie im vorigen Kapitel bei der Normalendarstellung einer Geraden wollen wir uns auch hier von der Beschränkung befreien, daß wir nur Ebenen darstellen können, die den Koordinatenursprung enthalten. Allgemein ist eine Ebene im Raum durch drei verschiedene Punkte $\mathbf{a},\mathbf{b},\mathbf{c}$ gegeben, die nicht auf einer gemeinsamen Geraden liegen. (Im obigen Beispiel war $\mathbf{c}$ der Koordinatenursprung.)

Es seien **a**,**b**,**c** drei verschiedene Punkte, die nicht auf einer Geraden liegen, und **n** ein Vektor, der auf den Vektoren **a**-**c** und **b**-**c** senkrecht steht. Dann besteht die Ebene E durch **a**,**b**,**c** aus allen Punkten **p** mit

$$\langle \mathbf{p},\mathbf{n} \rangle = \langle \mathbf{c},\mathbf{n} \rangle \quad .$$

Dies ist eine <u>Normalendarstellung</u> von E. **n** heißt ein <u>Normalenvektor</u> der Ebene E.

Der übergang von der Normalendarstellung einer Ebene durch den Koordinatenursprung zur Normalendarstellung einer allgemeinen Ebene vollzieht sich auf die gleiche Weise, wie im vorigen Kapitel bei der Normalendarstellung einer Geraden: Die von den Differenzvektoren **a**-**c** und **b**-**c** aufgespannte Ebene E' durch den Koordinatenursprung ist parallel zu E, und man erhält E aus E' durch Addition des Vektors **c**.

Zur schnellen Berechnung von Normalenvektoren benötigen wir ein Verfahren, das zu zwei Vektoren **a** und **b** einen Vektor **n** findet, der auf **a** und **b** senkrecht steht:

Zu zwei Vektoren $\mathbf{a}=(a_1,a_2,a_3)$ und $\mathbf{b}=(b_1,b_2,b_3)$ ist das <u>Vektorprodukt</u> **a**x**b** der durch

$$\mathbf{a}x\mathbf{b} = (\ a_2*b_3-a_3*b_2\ ,\ a_3*b_1-a_1*b_3\ ,\ a_1*b_2-a_2*b_1\ )$$

definierte Vektor. Haben die Vektoren **a** und **b** verschiedene Richtungen, so ist **a**x**b** ein Normalenvektor zur von **a** und **b** aufgespannten Ebene durch den Koordinatenursprung.

Daß **a**x**b** tatsächlich auf **a** und **b** senkrecht steht, können Sie durch Ausrechnen der Skalarprodukte mit **a** und **b** nachprüfen. Den Normalenvektor **n** zur Ebene aus Figur 24 haben wir mit dem Vektorprodukt berechnet. Vertauschen der Faktoren im Vektorprodukt liefert übrigens nicht den gleichen Normalenvektor, sondern den entgegengestzt gerichteten. Aus der obigen Formel entnimmt man nämlich sofort $\mathbf{b}\times\mathbf{a} = -\mathbf{a}\times\mathbf{b}$. Normalenvektoren werden wir als wesentliches Hilfsmittel in unseren Graphikprogrammen sehr häufig benutzen. Wir benötigen deshalb eine Prozedur zur Berechnung des Vektorprodukts:

```
procedure VektProd(v1,v2:VektTyp; var v:VektTyp); (* D3Pak1 *)

(* Berechnet Vektorprodukt *)

begin
   v[1]:=v1[2]*v2[3]-v1[3]*v2[2];
   v[2]:=v1[3]*v2[1]-v1[1]*v2[3];
   v[3]:=v1[1]*v2[2]-v1[2]*v2[1];
end; (* von VektProd *)
```

Dies ist die erste Prozedur des Programmpakets D3Pak1. Die weiteren Elemente dieses Pakets stellen wir Ihnen im nächsten Abschnitt und in den Kapiteln 4 und 6 vor.

Bei unseren Betrachtungen über die Ebene hatten wir im vorigen Kapitel bemerkt, daß eine Gerade die Ebene in zwei Hälften teilt, die wir Halbebenen genannt hatten. Eine Darstellung dieser Halbebenen hatten wir einfach dadurch erhalten, daß wir in der Normalendarstellung der Geraden das Gleichheitszeichen durch $\leq$ bzw. $\geq$ ersetzt hatten. Im Raum haben wir eine hierzu genau analoge Situation:

> Eine Ebene E teilt den Raum in zwei Hälften, die wir <u>Halbräume</u> nennen. Eine Beschreibung der beiden Halbräume erhält man, wenn man in einer Normalendarstellung von E das Gleichheitszeichen durch $\leq$ bzw. $\geq$ ersetzt.

Die x,y-Ebene hat z.B. die Normalendarstellung z=0 (Normalenvektor (0,0,1)). Durch die Ungleichungen $z\leq 0$ und $z\geq 0$ sind die Halbräume unter- bzw. oberhalb der x,y-Ebene definiert.

Im vorigen Kapitel hatten wir den Durchschnitt mehrerer Halbebenen gebildet und uns auf diese Weise Polygone konstruiert. An einem Beispiel wollen wir uns nun ansehen, welche Gebilde der Durchschnitt von Halbräumen liefert. Die y,z-Ebene, die x,z-Ebene und die x,y-Ebene haben die Normalendarstellungen x=0, y=0 und z=0. Die drei Ungleichungen $x \geq 0$, $y \geq 0$ und $z \geq 0$ beschreiben den Teil des Raumes mit positiven Koordinaten, den sogenannten positiven Oktanten. Die durch z=1 gegebene Ebene ist parallel zur x,y-Ebene und schneidet die z-Achse im Punkt (0,0,1). $z \leq 1$ beschreibt den Halbraum unterhalb dieser Ebene. Entsprechende Halbräume werden durch $y \leq 1$ und $x \leq 1$ definiert. Der Durchschnitt der sechs durch die Ungleichungen

$$x \geq 0 \qquad y \geq 0 \qquad z \geq 0$$
$$x \leq 1 \qquad y \leq 1 \qquad z \leq 1$$

gegebenen Halbräume ist ein Würfel. Dabei entsprechen die sechs Ungleichungen den sechs Seitenflächen des Würfels. Beispielsweise besteht der Boden des Würfels aus den Punkten, die alle sechs Ungleichungen erfüllen, wobei in der ersten sogar Gleichheit gelten muß: x=0. Die Ecken des Würfels sind die acht Punkte

(0,0,0), (1,0,0), (1,1,0), (0,1,0),
(0,0,1), (1,0,1), (1,1,1), (0,1,1),

die ersten vier sind die Ecken des Bodens, die zweiten vier die Ecken des Deckels.

Einen beschränkten (d.h. nicht unendlich ausgedehnten) Ausschnitt des Raumes, den man als Durchschnitt endlich vieler Halbräume erhält, nennen wir ein (konvexes) Polytop. Der obige Würfel ist ein Beispiel für ein Polytop. Seine Seitenflächen sind Vierecke, also ebene Polygone, wie wir sie in Abschnitt 2.1 bereits behandelt haben. Indem man andere Halbräume zum Schnitt bringt, kann man viele weitere Beispiele für Polytope konstruieren. Einige davon lernen wir im Kapitel 5 kennen.

Die Seitenflächen von Polytopen sind immer Polygone, und wir werden Polytope im nächsten Abschnitt an Hand ihrer Seitenflächen in einer für Graphikanwendungen passenden Form beschreiben. Der Zusatz "konvex" besagt wiederum, daß ein Polytop mit zwei Punkten auch immer die gesamte Verbindungsstrecke zwischen den Punkten enthält, wie dies auch bei den konvexen Polygonen in der Ebene der Fall war. Diese Eigenschaft wird wieder etliche Vereinfachungen bei unseren Graphikanwendungen bringen. Insbesondere wird sich herausstellen, daß das Problem der Elimination der verdeckten Linien, das wir in der Einleitung angesprochen hatten, für konvexe Polytope sehr einfach zu lösen ist (Abschnitt 6.1).

3.2 Eine Datenstruktur zur 3D-Graphik

Die Objekte unserer 3D-Graphik sind ebene konvexe Polygone im 3-dimensionalen Raum. Ein 3-dimensionales konvexes Polytop, wie etwa einen Würfel, beschreiben wir, indem wir seine Seitenflächen als Polygone speichern. Das Programmpaket D3Pak1, das die Grundprozeduren zur 3D-Graphik umfaßt, enthält die folgenden Konstanten und globalen Variablen:

```
const MaxD3PktZahl=1000;
      MaxPolZahl=1000;
      MaxEckZahl=5;

type  PolTyp=record
               PolNr,EckZahl,Farbe,GrundFarbe:integer;
               Ecke:array [1..MaxEckZahl] of integer;
             end;

var   D3Pkt:array [1..MaxD3PktZahl] of PktTyp;
      Pol:array [1..MaxPolZahl] of PolTyp;
      D3PktZahl,PolZahl,PolytopNr:integer;
```

Die Speicherung der Punkte erfolgt genau wie im vorigen Kapitel, und die Variablen D3Pkt, D3PktZahl, sowie die Konstante MaxD3PktZahl haben die gleiche Bedeutung wie dort. In der 2D-Graphik hatten wir die kombinatorische Struktur unserer Graphiken durch Angabe der Strecken im Feld Strk definiert. An die Stelle der Strecken treten hier die Polygone.

Ein Polygon beschreiben wir durch eine Variable vom Typ PolTyp. Die Ecken des Polygons (Index der Ecken im Feld D3Pkt) werden im Feld Ecke gespeichert, und zwar in zyklischer Reihenfolge. Eine

Kante besteht also jeweils zwischen Ecke i und Ecke i+1 . Außerdem sind natürlich noch die erste und die letzte Ecke des Polygons durch eine Kante verbunden. Die Variable EckZahl gibt den höchsten Eintrag im Feld Ecke an, hat also etwa bei Speicherung eines Vierecks den Wert 4. Die Konstante MaxEckZahl dient der Dimensionierung des Feldes Ecke. Im Fall von MaxEckZahl=16 können demnach maximal 16-Ecke verarbeitet werden. Bei vielen Anwendungen treten nur Polygone mit kleinerer Eckenzahl auf. Sie sollten MaxEckZahl dann auf einen kleineren Wert setzen, um Speicherplatz zu sparen.

Viele Szenen, die wir abbilden wollen, bestehen aus mehreren konvexen Polytopen (Würfeln etc.). Diese Polytope numerieren wir durch und kennzeichnen die Zugehörigkeit eines Polygons zu einem Polytop dadurch, daß wir der Variablen PolNr die Nummer dieses Polytops geben. Eine solche Zusammenfassung der Seitenflächen eines Polytops bringt erhebliche Rechenzeitvorteile bei der Entfernung verdeckter Linien, wie wir in Kapitel 6 sehen werden. Das record Poltyp enthält außerdem noch zwei Variable GrundFarbe und Farbe mit Angaben, in welcher Farbe das Polygon gezeichnet werden soll. Die Variable Farbe werden wir in Kapitel 6 bei der Entfernung verdeckter Linien benutzen. Farbe=0 bedeutet dort, daß das Polygon nicht sichtbar ist.

Die Speicherung der Polygone erfolgt im Feld Pol der Dimension MaxPolZahl, die Variable PolZahl gibt den höchsten Feldindex an, unter dem bei der jeweiligen Szene noch ein Polygon gespeichert ist.

Mit den folgenden Prozeduren werden die 3D-Struktur initialisiert und die Ecken und Polygone eingegeben. In Kapitel 5 werden wir Ihnen eine Reihe von Programmen zur Erzeugung komplexer Graphiken vorstellen, die diese Prozeduren benutzen.

```
procedure D3Loesch; (* D3Pak1 *)

(* Löscht D3-Struktur (auch zur Initialisierung) *)

begin
   D3PktZahl:=0; PolZahl:=0; PolytopNr:=0;
end; (* von D3Loesch *)


procedure D3PktEin(x,y,z:real); (* D3Pak1 *)

(* Speichert den Punkt (x,y,z) in D3Pkt, erhöht D3PktZahl um 1 *)

begin
   D3PktZahl:=D3PktZahl+1;
   D3Pkt[D3PktZahl,1]:=round(x); D3Pkt[D3PktZahl,2]:=round(y);
   D3Pkt[D3PktZahl,3]:=round(z);
end; (* von D3PktEin *)


procedure PolEin(EinPol:PolTyp); (* D3Pak1 *)

(* Speichert EinPol im Feld Pol, erhöht PolZahl um 1 *)

begin
   PolZahl:=PolZahl+1; Pol[PolZahl]:=EinPol;
   if (EinPol.PolNr>PolytopNr) then PolytopNr:=EinPol.PolNr;
end; (* von EinPol *)


procedure ein(a,b,c,d,e,ez,pn,start:integer);

(* Eingabe eines Polygons mit bis zu 5 Ecken *)
(* Ecken a,b,c,d,e; Eckenzahl: ez *)
(* pn = Nummer des Polytops, zu dem das Polygon gehört *)
(* Numerierung der Ecken beginnt bei start+1 *)

var polygon:PolTyp;

begin

   with polygon do begin
      PolNr:=pn; EckZahl:=ez; Farbe:=0; GrundFarbe:=0;
      Ecke[1]:=a+start; Ecke[2]:=b+start; Ecke[3]:=c+start;
      Ecke[4]:=d+start; Ecke[5]:=e+start;
   end;

   PolEin(polygon);

end; (* von ein *)
```

Die übrigen Teile von D3Pak1 lernen wir mit Ausnahme einer Prozedur im nächsten Kapitel kennen. Dort führen wir auch die in D3Pkt und Pol gespeicherten 3D-Objekte durch Projektion in 2-dimensionale Szenen über, die wir auf dem Bildschirm darstellen können. Diese 2-dimensionalen Szenen speichern wir ähnlich wie in Kapitel 2. Die Ecken der projizierten Polygone (also die Projektionen der Punkte aus D3Pkt) stehen in einem Feld D2Pkt. Ein Feld Strk mit den Strecken der 2D-Struktur, wie wir es in Abschnitt 2.2 eingeführt haben, brauchen wir hier allerdings nicht, denn die Information, welche Punkte durch Strecken verbunden sind, ist ja bereits im Feld Pol enthalten. Anstelle von D2Pak1 verwenden wir deshalb zusammen mit D3Pak1 stets ein abgemagertes 2D-Paket D2Pak2. D2Pak2 enthält den Typ StrkTyp, die Variablen Strk und StrkZahl und die Konstante MaxStrkZahl nicht mehr. Außerdem sind die Prozeduren StrkEin, ZeichneStrecke und ZeichneBild nicht mehr vorhanden. Die Prozedur ZeichneBild wird durch eine gleichnamige Prozedur im Paket D3pak1 ersetzt:

```
procedure ZeichneBild; (* D3Pak1 *)

(* Zeichnet alle sichtbaren Polygone *)

var i,j:integer;
    v1,v2:VektTyp;

begin
   for i:=1 to PolZahl do
      with Pol[i] do
         if (Farbe>=0) then
            for j:=1 to EckZahl do begin
               KonvPktVekt(D2Pkt[Ecke[j]],v1);
               KonvPktVekt(D2Pkt[Ecke[(j mod EckZahl)+1]],v2);
               Zeichne(v1,v2,Farbe);
            end;
end; (* von ZeichneBild *)
```

3.3 Abbildungen im Raum

Nachdem wir im Abschnitt 2.3 die verschiedenen Abbildungen in der Ebene recht ausführlich behandelt haben, können wir es hier kurz machen: Die entsprechenden Abbildungen im Raum ergeben sich einfach durch "Anhängen der dritten Koordinate". So führt man etwa eine Translation durch Addition eines Translationsvektors $t=(t_1,t_2,t_3)$ durch.

Die übrigen Abbildungen dieses Abschnitts lassen sich durch 3x3-Matrizen beschreiben, wobei das Produkt einer Matrix mit einem Vektor durch

$$\begin{pmatrix} a_{11} & a_{12} & a_{13} \\ a_{21} & a_{22} & a_{23} \\ a_{31} & a_{32} & a_{33} \end{pmatrix} \begin{pmatrix} x \\ y \\ z \end{pmatrix} = \begin{pmatrix} \langle (a_{11},a_{12},a_{13}) \, , \, (x,y,z) \rangle \\ \langle (a_{21},a_{22},a_{23}) \, , \, (x,y,z) \rangle \\ \langle (a_{31},a_{32},a_{33}) \, , \, (x,y,z) \rangle \end{pmatrix}$$

definiert ist (und von der Prozedur MatVekt aus Abschnitt 2.3 ausgeführt wird).

Die folgende Matrix beschreibt eine Drehung um die z-Achse um den Winkel α:

$$\begin{pmatrix} \cos\alpha & -\sin\alpha & 0 \\ \sin\alpha & \cos\alpha & 0 \\ 0 & 0 & 1 \end{pmatrix}$$

Die Drehrichtung ist gegen den Uhrzeigersinn, wenn man entlang der z-Achse von oben nach unten, also entgegen der Achsenrichtung blickt. Die entsprechenden Drehungen um die x- und die y-Achse werden durch die Matrizen

$$\begin{pmatrix} 1 & 0 & 0 \\ 0 & \cos\alpha & -\sin\alpha \\ 0 & \sin\alpha & \cos\alpha \end{pmatrix} \qquad \begin{pmatrix} \cos\alpha & 0 & \sin\alpha \\ 0 & 1 & 0 \\ -\sin\alpha & 0 & \cos\alpha \end{pmatrix}$$

vermittelt. (Die zweite Matrix enthält keine Vorzeichenfehler!)

Die Matrizen

$$\begin{pmatrix} 1 & 0 & 0 \\ 0 & 1 & 0 \\ 0 & 0 & -1 \end{pmatrix} \qquad \begin{pmatrix} 1 & 0 & 0 \\ 0 & -1 & 0 \\ 0 & 0 & 1 \end{pmatrix} \qquad \begin{pmatrix} -1 & 0 & 0 \\ 0 & 1 & 0 \\ 0 & 0 & 1 \end{pmatrix}$$

definieren Spiegelungen an der xy-, xz- und yz-Ebene.

Weitere Abbildungen des Raumes werden durch andere Matrizen vermittelt. (Wie sieht wohl die Matrix einer Streckung um den Faktor s aus?).

Die Hintereinanderausführung von Abbildungen kann man wieder durch das Matrizenprodukt ausdrücken. Ist $\mathbf{A}$ eine 3x3-Matrix mit den Zeilenvektoren $\mathbf{a}_1,\mathbf{a}_2,\mathbf{a}_3$ und $\mathbf{B}$ eine Matrix mit den Spaltenvektoren $\mathbf{b}_1,\mathbf{b}_2,\mathbf{b}_3$, so ist das Matrizenprodukt $\mathbf{A*B}$ die durch die folgenden Skalarprodukte definierte Matrix:

$$\mathbf{A*B} = \begin{pmatrix} \langle \mathbf{a}_1,\mathbf{b}_1\rangle & \langle \mathbf{a}_1,\mathbf{b}_2\rangle & \langle \mathbf{a}_1,\mathbf{b}_3\rangle \\ \langle \mathbf{a}_2,\mathbf{b}_1\rangle & \langle \mathbf{a}_2,\mathbf{b}_2\rangle & \langle \mathbf{a}_2,\mathbf{b}_3\rangle \\ \langle \mathbf{a}_3,\mathbf{b}_1\rangle & \langle \mathbf{a}_3,\mathbf{b}_2\rangle & \langle \mathbf{a}_3,\mathbf{b}_3\rangle \end{pmatrix}$$

Führt man beispielsweise zuerst eine Drehung um 90° um die z-Achse aus und anschließend eine Spiegelung an der yz-Ebene, so läßt sich die zusammengesetzte Abbildung durch das folgende Matrizenprodukt ausdrücken:

$$\begin{pmatrix} -1 & 0 & 0 \\ 0 & 1 & 0 \\ 0 & 0 & 1 \end{pmatrix} * \begin{pmatrix} 0 & -1 & 0 \\ 1 & 0 & 0 \\ 0 & 0 & 1 \end{pmatrix} = \begin{pmatrix} 0 & 1 & 0 \\ 1 & 0 & 0 \\ 0 & 0 & 1 \end{pmatrix}$$

Wie im (sehr ähnlichen) Beispiel auf S.41 erhalten Sie auch hier eine andere Matrix, wenn Sie die beiden Faktoren im Matrizenprodukt vertauschen.

Wenn Sie stattdessen einmal die Hintereinanderausführung einer Drehung um die z-Achse und einer Spiegelung an der xy-Ebene ausprobieren, werden Sie feststellen, daß es in diesem Beispiel nicht auf die Reihenfolge der Faktoren ankommt. Man erhält in beiden Fällen die gleiche Matrix:

$$\begin{pmatrix} \cos\alpha & -\sin\alpha & 0 \\ \sin\alpha & \cos\alpha & 0 \\ 0 & 0 & -1 \end{pmatrix}$$

Das ist auch anschaulich sofort klar: Ob man einen Punkt zuerst um die z-Achse dreht und dann an der xy-Ebene spiegelt oder umgekehrt - in beiden Fällen erhält man den gleichen Bildpunkt.

Bei der Hintereinanderausführung von Abbildungen kommt es also manchmal auf die Reihenfolge an, manchmal auch nicht. Man muß dies jeweils im Einzelfall prüfen, und sollte niemals ohne nachzudenken einfach die Faktoren im Matrizenprodukt vertauschen.

In unseren Programmen werden wir hauptsächlich Translationen und Drehungen einsetzen. Insbesondere werden wir im folgenden Kapitel die Blickrichtung, aus der wir ein Objekt betrachten, mit Hilfe von Drehungen festlegen.

4. Projektionen

Den Graphikbildschirm des Rechners oder das Blatt Papier, auf das der Plotter zeichnet, können wir als einen Ausschnitt der Ebene auffassen. Die Abbildung eines 3-dimensionalen Gegenstandes wird deshalb mathematisch durch eine Projektion auf eine Ebene beschrieben. Die verschiedenen Projektionen als grundlegendes Werkzeug der Computergraphik sind Thema dieses Kapitels.

Im Abschnitt 4.1 behandeln wir Orthogonalprojektionen. Diese einfachsten Parallelprojektionen lassen sich leicht berechnen und bieten für die meisten Graphikanwendungen bereits völlig ausreichende Möglichkeiten. Im Abschnitt 4.2 beschreiben wir allgemeine Parallelprojektionen und erläutern kurz die Anwendungsmöglichkeiten von Schrägprojektionen. Abschnitt 4.3 handelt von Zentralprojektionen, einer Projektionsart, die der Sichtweise des menschlichen Auges besser angepaßt ist als die Parallelprojektion.

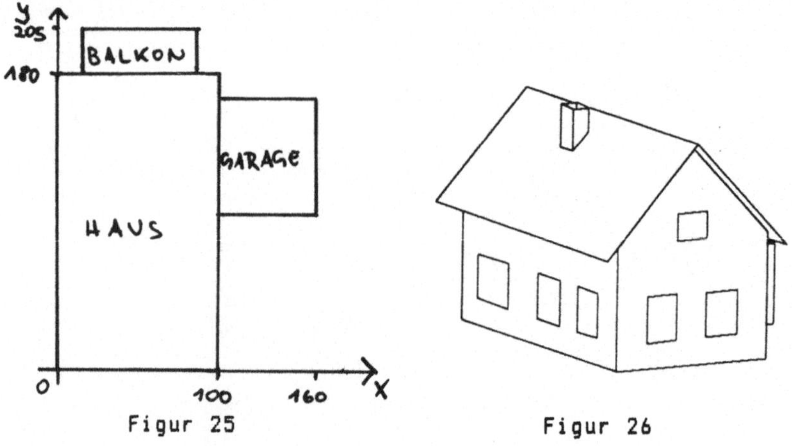

Figur 25 Figur 26

Abbildungen eines 3-dimensionalen Gegenstandes aus verschiedenen Blickrichtungen lassen sich am besten an einem nicht allzu symmetrischen Gegenstand veranschaulichen. Wir wählen hierfür ein Haus, das auf der x,y-Ebene steht und den in Figur 25 gezeigten Grundriß hat.

Zur Darstellung dieses Hauses greifen wir auf einige Programme vor, die wir erst in den folgenden Kapiteln im Detail beschreiben. Die Prozedur, die das Haus erzeugt und in der 3D-Struktur, also in den Feldern D3Pkt und Pol, speichert, finden Sie im Abschnitt 5.3. Wenn wir Projektionen des Hauses ohne Unterdrückung der verdeckten Bildteile zeichnen, ergibt sich ein eher verwirrendes Bild. Figur 27 zeigt die Ansicht des Hauses aus Figur 26 ohne Entfernung der verdeckten Linien, Figur 28 eine Ansicht von der Straßenseite aus, ebenfalls ohne Entfernung der verdeckten Linien.

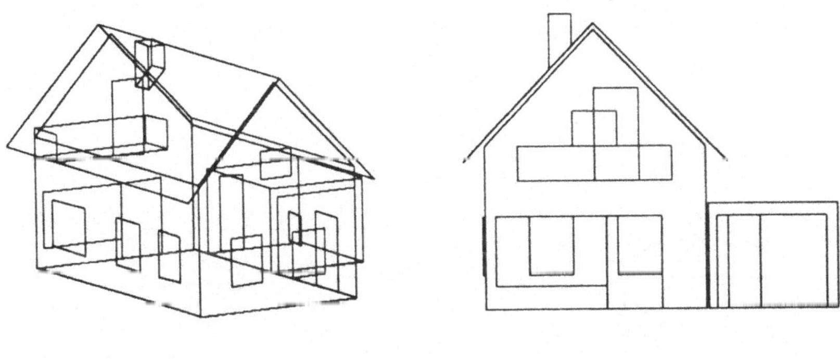

Figur 27 Figur 28

Der besseren Übersichtlichkeit halber wählen wir deshalb für die Beispiele in diesem Kapitel Darstellungen, bei denen die rückwärtigen Bildteile, die man bei der Betrachtung eines richtigen Hauses nicht sehen könnte, nicht gezeichnet werden. Das Verfahren, mit dem der Computer erkennt, welche Bildteile verdeckt sind, beschreiben wir in Abschnitt 6.2. Dort finden Sie auch das Programm rob1, mit dem wir die Abbildungen in diesem Kapitel erstellt haben.

Ein Gefühl für die verschiedenen Projektionen bekommt man am besten, wenn man ein wenig mit dem Programm rob1 spielt. Auf der Diskette ist das Programm unter rob1.pas gespeichert. Wenn Sie die Diskette nicht haben, benötigen Sie die Programmpakete D2Pak2 (s. Abschnitt 3.2), D3Pak1 (s. Abschnitt 3.2, Kapitel 4, Abschnitt 6.1), D3Pak2 (s. Abschnitt 6.2) und Haus1 (s. Abschnitt

5.3). Vom Programm robl brauchen Sie nur den zweiten Fall der CASE-Anweisung, die übrigen Fälle beziehen sich auf die Darstellung anderer Objekte.

4.1 Orthogonalprojektion

In diesem und dem folgenden Abschnitt behandeln wir verschiedene Parallelprojektionen. Figur 29 zeigt das Grundprinzip der Parallelprojektion. Die Projektionsstrahlen haben alle die gleiche Richtung, sind also parallel zueinander. Ein Punkt im Raum wird auf den Schnittpunkt des zugehörigen Projektionsstrahls mit der Projektionsebene projiziert.

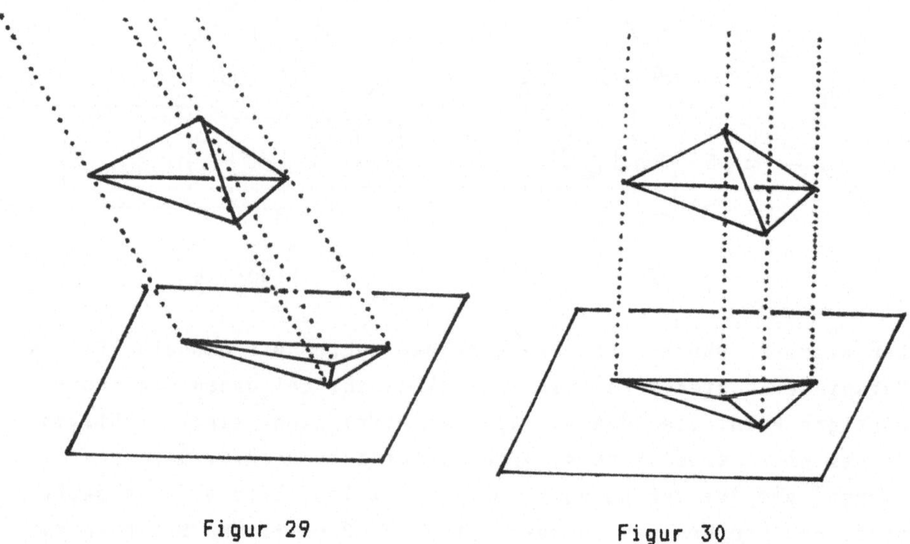

Figur 29 Figur 30

Bei schönem Wetter kann man die Parallelprojektion in der Natur erleben, nämlich beim Schattenwurf, bei dem die (parallelen) Sonnenstrahlen als Projektionsstrahlen fungieren. In unseren Breiten beobachtet man dabei eher den schrägen Lichteinfall wie in Figur 29, in der Nähe des Äquators tritt auch der Fall von Figur 30 auf. Auf diesen Spezialfall, bei dem die Projektionsstrahlen senkrecht auf der Projektionsebene stehen, werden wir uns in diesem Abschnitt konzentrieren.

Die Orthogonalprojektion auf eine Ebene E im Raum ist die Abbildung, die jedem Raumpunkt **p** den Fußpunkt **p**′ des Lotes von **p** auf E zuordnet. Die Ebene E heißt Projektionsebene, die zu E senkrechte Richtung Projektionsrichtung.

Projiziert man statt auf E auf eine zu E parallele Ebene E′,so erhält man das gleiche Bild (lediglich in der Ebene E′ statt in E). Es kommt also bei der Orthogonalprojektion (und bei allen anderen Parallelprojektionen auch) nicht auf die Entfernung zwischen dem Objekt und der Projektionsebene an. Auch gibt es hier nicht so etwas wie die Entfernung zwischen dem Beobachter und dem betrachteten Objekt. Man hat lediglich die Richtung, in die man blickt, nämlich die Projektionsrichtung, wobei man sich vorstellen kann, daß man das Objekt aus großer Entfernung sieht. Die Vorstellung der Projektionsrichtung als "Blickrichtung" ist auch nur beschränkt richtig. Die obige Projektionsvorschrift unterscheidet nicht, in welcher Richtung man am Projektionsstrahl entlangblickt. Wenn der Beobachter sich um 180° dreht, sieht er das gleiche Bild. In Figur 28 wird dementsprechend auch die Vorder- und Rückfront des Hauses gleichzeitig dargestellt. Parallelprojektionen realisieren also offenbar noch nicht alle Effekte, die wir vom gewöhnlichen Sehen gewohnt sind. In dieser Hinsicht werden wir (u.a. im übernächsten Abschnitt) noch einiges verbessern.

Besonders einfach zu berechnen ist die Orthogonalprojektion auf die x,y-Ebene. Man erhält die Projektion eines Punktes **p**=(x,y,z), indem man die letzte Koordinate gleich Null setzt: **p**′=(x,y,0). Vom Haus aus Figur 26 sieht man hierbei nur den Grundriß. Neben dieser extremen Luftaufnahme möchte man aber natürlich auch andere Ansichten des Hauses betrachten.

Eine beliebige andere Orthogonalprojektion legen wir nun durch Angabe der Projektionsrichtung fest. Als Projektionsebene können wir dabei immer die Ebene wählen, die auf der Projektionsrichtung senkrecht steht und den Koordinatenursprung enthält. Eine Orthogonalprojektion ist also durch Festlegung der Projektionsrichtung vollständig bestimmt. Die Projektionsstrahlen sind parallele Geraden. Man kann sie deshalb in Parameterdarstellung alle mit dem gleichen Richtungsvektor **r**≠(0,0,0) darstellen (s. Abschnitt 2.1). Der Richtungsvektor **r** legt damit die Projektionsrichtung fest. Statt **r** kann man auch jeden Vektor a***r** mit a≠0 als Richtungsvektor nehmen, insbesondere auch den Vektor -**r**. Der "umgekehrte" Richtungsvektor definiert also die gleiche Projektionsrichtung. Für die Orthogonalprojektion auf die x,y-Ebene ist z.B. **r**=(0,0,1) ein geeigneter Richtungsvektor.

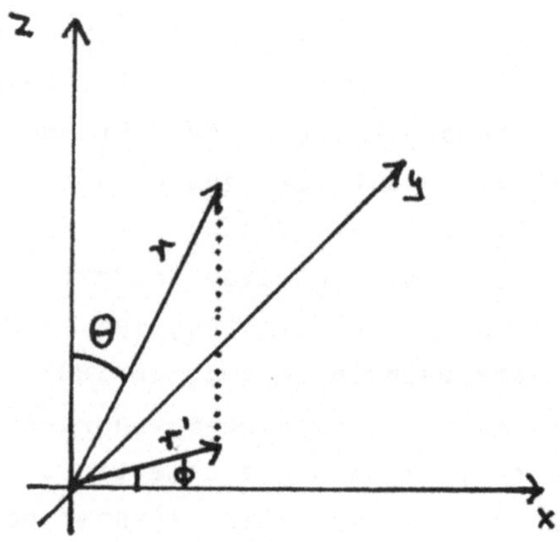

Figur 31

Da es auf die Länge des Richtungsvektors nicht ankommt, können wir annehmen, daß er stets die Länge 1 hat. Einen solchen Vektor kann man statt durch seine x-, y- und z-Koordinaten auch durch zwei Winkel Φ und θ angeben (Figur 31). θ ist der Winkel, den der Vektor **r** mit der (positiven) z-Achse einschließt. **r**′ ist die Orthogonalprojektion von **r** auf die x,y-Ebene, Φ der Winkel, den **r**′ und die (positive) x-Achse einschließen. In gewöhnlichen x-, y- und z-Koordinaten hat unser Richtungsvektor die Darstellung **r**=(cos Φ sin θ , sin Φ sin θ , cos θ). Eine Darstellung eines Vektors mit den Winkeln Φ und θ, sowie seiner Länge heißt Darstellung in <u>Polar</u>- oder <u>Kugelkoordinaten</u>. Viele Probleme in Physik und Technik, die Kugelsymmetrie haben, lassen sich damit einfacher handhaben als mit der gewöhnlichen Koordinatendarstellung.

Die Polarkoordinatendarstellung der Projektionsrichtung ist anschaulicher als eine Darstellung in x-,y- und z-Koordinaten. Wenn wir etwa das Haus mit der durch Φ und θ gegebenen Projektionsrichtung betrachten, so beschreibt der Winkel Φ, wie der stolze Hausbesitzer rund um sein Haus geht (kein Reihenhaus!), der Winkel θ gibt an, aus welcher Höhe er es betrachtet: Bei $\theta=90°$ kriecht er bäuchlings, bei $\theta=10°$ fliegt er. Figur 32 zeigt eine Ansicht der Straßenfront ($\Phi=-90°$, $\theta=90°$), Figur 33 eine ebensolche Ansicht, aber etwas mehr von oben betrachtet ($\Phi=-90°$, $\theta=45°$). Figur 26 zeigt das Haus aus der Blickrichtung $\Phi=-120°$ und $\Phi=80°$.

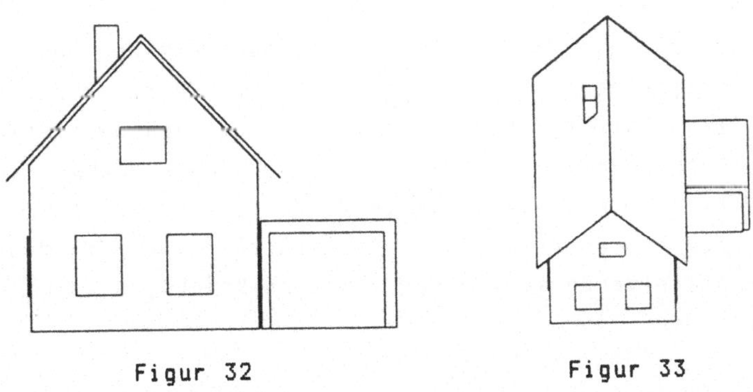

Figur 32 Figur 33

Den Bildern liegt die folgende Interpretation des durch Φ und θ gegebenen Richtungsvektors $\mathbf{r}=(\cos\Phi \sin\theta\ , \sin\Phi \sin\theta\ , \cos\theta\ )$ als Blickrichtung zugrunde:

> Der Beobachter befindet sich an der Spitze des Vektors $\mathbf{r}$ (oder eines entsprechend verlängerten Vektors weit weg vom Haus) und blickt von dort in Richtung Koordinatenursprung. Er befindet sich also gewissermaßen in einer (auch in der Höhe schwenkbaren) Gondel eines Kirmeskarussels und blickt von dort zur Karussellmitte. Der Vektor $\mathbf{r}$ ist der Arm, an dem die Gondel befestigt ist.

Bereits am Anfang des Abschnitts haben wir allerdings gesehen, daß die bloße Projektionsvorschrift für die Orthogonalprojektion (oder eine andere Parallelprojektion) eine solche Interpretation, nämlich die Unterscheidung zwischen der Blickrichtung **r** und der Blickrichtung **−r**, gar nicht erlaubt. Die Ansichten aus Blickrichtung **r** und Blickrichtung **−r** werden in der Projektion immer gleichzeitig dargestellt, also Figur 27 statt Figur 26 und Figur 28 statt Figur 32. Wie man die beiden Blickrichtungen trennt, und so nicht nur durchsichtige Häuser, sondern auch richtige, massive darstellen kann, lernen wir erst im Kapitel 6 kennen. Damit wir übersichtliche Bilder erhalten, nehmen wir aber an, daß wir es jetzt schon können (und machen uns keine Gedanken darüber, wie das Programm robl dies macht). Das Wort Blickrichtung verwenden wir damit ab jetzt im Sinne der obigen Interpretation.

Bisher haben wir nur den sehr einfachen Fall der Orthogonalprojektion auf die x,y-Ebene mathematisch beschrieben. Den allgemeinen Fall einer Orthogonalprojektion mit durch Φ und θ gegebener Blickrichtung führen wir jetzt auf diesen Spezialfall zurück. Der Orthogonalprojektion auf die x,y-Ebene entspricht die durch den Vektor (0,0,1) festgelegte Blickrichtung. Den Übergang von (0,0,1) zum Vektor **r** mit Polarkoordinaten Φ und θ können wir durch die Hintereinanderausführung von zwei Drehungen beschreiben (Figur 31):

A: Drehung um die x-Achse um den Winkel θ.
B: Drehung um die z-Achse um den Winkel $\Phi+90°$.

Nehmen wir als Beispiel den Fall $\Phi=0°$ und $\theta=45°$. Der Vektor (0,0,1) wird durch die Drehung **A** innerhalb der y,z-Ebene um den Winkel 45° gedreht, und zwar entgegen dem Uhrzeigersinn, wenn man entgegen der Richtung der x-Achse auf die y,z-Ebene blickt. Er geht also in den Vektor (0 , −sin 45° , cos 45°) über. Anschließend wird die Drehung **B** um den Winkel 90° um die z-Achse ausgeführt (entgegen dem Uhrzeigersinn, wenn man von oben auf die x,y-Ebene blickt). Dabei geht die y,z-Ebene in die x,z-Ebene über und insbesondere der Vektor (0 , -sin 45° , cos 45°) in (sin 45° , 0 , cos 45°).

Drehungen um die Koordinatenachsen hatten wir in Abschnitt 3.3 durch Matrizen dargestellt. Unter Berücksichtigung von

$$\sin(\Phi+90°) = \cos\Phi \qquad \cos(\Phi+90°) = -\sin\Phi$$

erhalten wir die Matrizen der beiden Drehungen:

$$\mathbf{B} = \begin{pmatrix} -\sin\Phi & -\cos\Phi & 0 \\ \cos\Phi & -\sin\Phi & 0 \\ 0 & 0 & 1 \end{pmatrix} \qquad \mathbf{A} = \begin{pmatrix} 1 & 0 & 0 \\ 0 & \cos\theta & -\sin\theta \\ 0 & \sin\theta & \cos\theta \end{pmatrix}$$

Durch Matrizenmultiplikation ergibt sich die Matrix der zusammengesetzten Abbildung:

$$\mathbf{C} = \mathbf{B}\times\mathbf{A} = \begin{pmatrix} -\sin\Phi & -\cos\Phi\cos\theta & \cos\Phi\sin\theta \\ \cos\Phi & -\sin\Phi\cos\theta & \sin\Phi\sin\theta \\ 0 & \sin\theta & \cos\theta \end{pmatrix}$$

Anstatt nun die Blickrichtung durch die aus den beiden Drehungen **A** und **B** zusammengesetzte Abbildung **C** zu wechseln, können wir auch unsere alte Blickrichtung (0,0,1) beibehalten und stattdessen auf das Haus die Umkehrabbildung $\mathbf{C}^{-1}$ von **C** anwenden. Die Abbildung $\mathbf{C}^{-1}$ setzt sich aus den Umkehrabbildungen $\mathbf{A}^{-1}$ und $\mathbf{B}^{-1}$ der Drehungen **A** und **B** zusammen, und zwar in umgekehrter Reihenfolge ausgeführt (zuerst $\mathbf{B}^{-1}$, dann $\mathbf{A}^{-1}$):

$\mathbf{B}^{-1}$: Drehung um die z-Achse um den Winkel $-(\Phi+90°)$.
$\mathbf{A}^{-1}$: Drehung um die x-Achse um den Winkel $-\theta$.

Die Matrizen dieser Abbildungen sind:

$$\mathbf{A}^{-1} = \begin{pmatrix} 1 & 0 & 0 \\ 0 & \cos\theta & \sin\theta \\ 0 & -\sin\theta & \cos\theta \end{pmatrix} \qquad \mathbf{B}^{-1} = \begin{pmatrix} -\sin\Phi & \cos\Phi & 0 \\ -\cos\Phi & -\sin\Phi & 0 \\ 0 & 0 & 1 \end{pmatrix}$$

Die Matrix der Abbildung C^{-1} entsteht wieder als Matrizenprodukt:

$$C^{-1} = A^{-1}*B^{-1} = \begin{pmatrix} -\sin\Phi & \cos\Phi & 0 \\ -\cos\theta\cos\Phi & -\cos\theta\sin\Phi & \sin\theta \\ \sin\theta\cos\Phi & \sin\theta\sin\Phi & \cos\theta \end{pmatrix}$$

Die Orthogonalprojektion des Hauses (oder eines beliebigen anderen Objekts) in der durch Φ und θ gegebenen Blickrichtung erhalten wir damit in zwei Schritten:

1. Transformiere das Objekt mit der Matrix $A^{-1}*B^{-1}$.
2. Projiziere das im 1. Schritt transformierte Objekt orthogonal auf die x,y-Ebene.

Die Prozedur OrthMat stellt die Matrix $C^{-1} = A^{-1}*B^{-1}$ für die durch Φ und θ festgelegte Blickrichtung auf. Die Prozedur OrthProj führt die Projektion aus, indem sie die Punkte aus D3Pkt mit C^{-1} transformiert und das Ergebnis im Feld D2Pkt speichert.

```
procedure OrthMat(var A:MatTyp;phi,theta:real); (* D3Pak1 *)

(* Erzeugt Matrix A für Orthogonalprojektion auf Ebene mit Normalenvektor n. *)
(* n in Polarkoordinaten durch Winkel phi, theta gegeben. *)

begin
   phi:=Bogen(phi); theta:=Bogen(theta);
   A[1,1]:=-sin(phi); A[2,1]:=-cos(theta)*cos(phi);
   A[3,1]:=sin(theta)*cos(phi);
   A[1,2]:=cos(phi); A[2,2]:=-cos(theta)*sin(phi);
   A[3,2]:=sin(theta)*sin(phi);
   A[1,3]:=0; A[2,3]:=sin(theta); A[3,3]:=cos(theta);
end; (* von OrthMat *)


procedure OrthProj(phi,theta:real); (* D3Pak1 *)

(* Orthogonalprojektion; Blickrichtung in Polarkoord.: phi,theta *)

var i:integer;
    A:MatTyp;
    v,w:VektTyp;
```

```
begin

   OrthMat(A,phi,theta);

   for i:=1 to D3PktZahl do begin
      KonvPktVekt(D3Pkt[i],v);
      MatVekt(A,v,w);
      D2PktEin(w[1],w[2],w[3]);
   end;

end; (* von OrthProj *)
```

Zur Transformation des Hauses werden nur die Punkte aus D3Pkt transformiert (und in D2Pkt gespeichert). Durch die transformierten Punkte und durch die im Feld Pol gespeicherte Information über die kombinatorische Struktur des Hauses ist die Projektion vollständig bestimmt und kann von der Prozedur ZeichneBild aus Abschnitt 3.2 gezeichnet werden. Dies liegt daran, daß man zur Projektion einer Strecke nur ihre Endpunkte projizieren muß:

> Die Parallelprojektion der Strecke $[\mathbf{a},\mathbf{b}]$ ist die Strecke $[\mathbf{a}',\mathbf{b}']$ zwischen den Projektionen $\mathbf{a}',\mathbf{b}'$ der Punkte $\mathbf{a},\mathbf{b}$.

Ein entsprechendes Prinzip hatten wir bereits im Abschnitt 2.3 bei den Abbildungen in der Ebene ausgenutzt. Daß dieses Prinzip für Parallelprojektionen gültig ist, sieht man anschaulich an Figur 29. Für die Orthogonalprojektion kann man dies auch mit Hilfe der Matrixdarstellung nachrechnen: Für eine Matrix $\mathbf{A}$, Vektoren $\mathbf{v},\mathbf{w}$ und Zahlen a,b gilt (rechnen Sie's nach):

$$\mathbf{A}(a*\mathbf{v}+b*\mathbf{w}) = a*(\mathbf{A}\mathbf{v}) + b*(\mathbf{A}\mathbf{w}) .$$

Man kann also das Produkt Matrix mal Vektor mit den Vektoroperationen (Addition von Vektoren und Multiplikation eines Vektors mit einer Zahl) vertauschen. Nach der Parameterdarstellung einer Strecke (Abschnitt 2.1) haben die Punkte der Strecke $[\mathbf{a},\mathbf{b}]$ die Form $\mathbf{p} = (1-t)*\mathbf{a} + t*\mathbf{b}$ mit $0 \leq t \leq 1$. Der Punkt

$$\mathbf{A}\mathbf{p} = \mathbf{A}((1-t)*\mathbf{a} + t*\mathbf{b}) = (1-t)*(\mathbf{A}\mathbf{a}) + t*(\mathbf{A}\mathbf{b})$$
$$= (1-t)*\mathbf{a}' + t*\mathbf{b}'$$

liegt also auf der Strecke [**a**',**b**']. Liest man die Gleichung in umgekehrter Richtung, so folgt, daß umgekehrt auch jeder Punkt der Strecke [**a**',**b**'] aus einem Punkt der Strecke [**a**,**b**] durch Multiplikation mit **A** ensteht.

Vielleicht ist Ihnen bereits aufgefallen, daß in der Prozedur OrthProj eigentlich ein unnötiger Rechenaufwand getrieben wird. Es wird nämlich auch die z-Koordinate des transformierten Punktes berechnet, obwohl wir die eigentlich gar nicht brauchen - sie wird ja bei der anschließenden Orthogonalprojektion auf die x,y-Ebene ohnehin gleich Null gesetzt bzw. einfach weggelassen. Wir berechnen diese z-Koordinate jedoch mit voller Absicht, denn es wird sich herausstellen, daß wir sie für andere Zwecke als die bloße Parallelprojektion sehr wohl noch brauchen können. Eine erste Verwendung dafür haben wir bereits im übernächsten Abschnitt bei der Zentralprojektion. Noch wichtiger ist die Ausnutzung der z-Koordinate bei der Entfernung verdeckter Linien, wie wir in Kapitel 6 sehen werden. Man führt deshalb eine Projektion in der Computergraphik (fast) immer in zwei Schritten durch:

1. Ausgehend von der ursprünglichen Koordinatendarstellung des Objekts, im Weltkoordinatensystem geht man durch eine geeignete Transformation zu einem anderen 3-dimensionalen Koordinatensystem, dem Bildkoordinatensystem, über.

2. Das Bildkoordinatensystem ist so beschaffen, daß man von ihm aus durch Orthogonalprojektion auf die x,y-Ebene (also durch Weglassen der letzten Koordinate) zur Bildschirmdarstellung gelangt.

Zwischen dem 1. und 2. Schritt setzen die meisten Verfahren zur Entfernung verdeckter Linien an. Das hat den Vorteil, daß man diese teilweise recht komplizierten Verfahren nicht in verschiedenen Versionen für verschiedene Projektionen bereithalten muß, sondern nur für eine sehr einfache Projektion, die Orthogonalprojektion auf die x,y-Ebene.

In unseren Programmen steht das Objekt in Weltkoordinaten im Feld D3Pkt, seine Darstellung in Bildkoordinaten im Feld D2Pkt. Bei der Orthogonalprojektion wird der Übergang vom Welt- zum Bildkoordinatensystem durch die Matrix $\mathbf{A}^{-1}*\mathbf{B}^{-1}$ besorgt. Betrachtet man das gleiche Objekt aus verschiedenen Richtungen, bleibt seine Darstellung in Weltkoordinaten immer gleich, während für jede neue Blickrichtung eine eigene Darstellung in Bildkoordinaten berechnet werden muß.

4.2 Schrägprojektion

Orthogonalprojektionen sind mathematisch relativ einfach zu beschreiben und liefern recht realistisch aussehende Bilder. Andere Parallelprojektionen, bei denen die Projektionsrichtung schräg zur Projektionsebene steht (Figur 29), spielen aber in der darstellenden Geometrie (vgl. [61]) auch eine wichtige Rolle. Dies wollen wir Ihnen am Beispiel von Schrägprojektionen auf die x,y-Ebene demonstrieren. Dabei werden wir gleichzeitig auch noch eine zusätzliche Anwendung der Matrizenrechnung zur Beschreibung geometrischer Sachverhalte kennenlernen.

Figur 34

Zum Bau eines Hauses benötigt man Baupläne, aus denen man die Maße (Längen und Winkel) exakt ablesen kann, also z.B. eine exakte Zeichnung des Grundrisses. Unsere Orthogonalprojektionen des Hauses sind für diese Aufgabe größtenteils unbrauchbar. Das sehen Sie in Figur 34 (Blickrichtung Φ=-30°, θ=80°) bereits daran, daß die zum Grundriß gehörigen Kanten, die an einer Ecke zusammenstoßen, nicht einen Winkel von 90° einschließen, wie dies nach der Grundrißzeichnung in Figur 25 sein müßte.

Die einzigen Orthogonalprojektionen, die den Grundriß exakt abbilden, sind die, die das Haus genau von oben zeigen, also mit θ=0°. Diese Projektionen haben jedoch den Nachteil, daß sie keine anschauliche Darstellung des Hauses vermitteln. Wünschenswert ist es also, das Haus so zu projizieren, daß es einerseits einigermaßen realistisch aussieht, und daß man andererseits die exakten Maße des Grundrisses aus der Projektion ablesen kann.

Bei jeder Parallelprojektion werden die Längen und Winkel von Strecken, die in der Projektionsebene (oder einer dazu parallelen Ebene) liegen, unverzerrt abgebildet (Figur 29). Beim Beispiel des Hauses, das auf der x,y-Ebene steht, erfüllt also jede Parallelprojektion auf die x,y-Ebene die Forderung nach maßstabgetreuer Abbildnug des Grundrisses. Um gleichzeitig eine räumliche Ansicht des Hauses zu erzeugen, wählen wir anstelle der durch den Vektor (0,0,1) gegebenen senkrechten Blickrichtung eine schräge Blickrichtung, definiert durch einen Vektor **r**=(a,b,c). Für eine Parallelprojektion auf die x,y-Ebene kommen für die Blickrichtung natürlich nur solche Vektoren **r** in Frage, die nicht selbst in der x,y-Ebene liegen, d.h. c$\neq$0. Da es auf die Länge eines Vektors **r**, der die Blickrichtung angibt, nicht ankommt, können wir statt **r** auch den Vektor (1/c)***r** als Richtungsvektor nehmen. Wir können also von vornherein annehmen, daß c=1 gilt.

Eine beliebige Parallelprojektion auf die x,y-Ebene ist durch einen Vektor **r**=(a,b,1), der die Blickrichtung angibt, bestimmt.

Im vorigen Abschnitt hatten wir den Übergang von der Blickrichtung (0,0,1) der Orthogonalprojektion zur neuen Blickrichtung **r**, die wir durch die Winkel Φ und θ in Polarkoordinaten angegeben hatten, durch eine Matrix **C** beschrieben. Die Matrix **C** setzte sich dabei als Matrizenprodukt aus den Matrizen **A** und **B** zweier Drehungen um die x- und z-Achse zusammen. Den Übergang zur neuen Blickrichtung **r** wollen wir auch hier durch eine Matrix **C** beschreiben. Im Unterschied zum vorigen Abschnitt drehen wir jedoch hier die Projektionsebene nicht gleichzeitig mit, sondern halten sie fest. Die Matrix **C** läßt sich deshalb hier auch nicht aus zwei Drehungen zusammensetzen. Es ist

$$\mathbf{C} = \begin{pmatrix} 1 & 0 & a \\ 0 & 1 & b \\ 0 & 0 & 1 \end{pmatrix}.$$

In den beiden ersten Spalten der Matrix stehen die Vektoren (1,0,0) und (0,1,0) (als Spaltenvektoren geschrieben). Dies bewirkt, daß alle Vektoren (x,y,0) der x,y-Ebene durch Multiplikation mit der Matrix **C** auf sich selbst abgebildet werden. Die x,y-Ebene (als Projektionsebene) wird also tatsächlich festgehalten. In der dritten Spalte der Matrix **C** steht der Vektor **r**=(a,b,1) der neuen Blickrichtung. Deshalb wird der Vektor (0,0,1) durch **C** auf die neue Blickrichtung **r** abgebildet. (Im vorigen Abschnitt stand in der letzten Spalte der Matrix **C** ebenfalls der Vektor **r**=(cos Φ sin θ, sin Φ sin θ, cos θ) der neuen Blickrichtung.)

Anstatt die Blickrichtung durch die Abbildung **C** zu ändern, haben wir im vorigen Abschnitt die alte Blickrichtung beibehalten und stattdessen auf das Haus, das wir projizieren wollten, die Umkehrabbildung $\mathbf{C}^{-1}$ angewendet. So können wir hier auch vorgehen. Allerdings können wir die Abbildung $\mathbf{C}^{-1}$ nicht auf die gleiche Weise bestimmen wie im vorigen Abschnitt.

Die Umkehrabbildung $\mathbf{C}^{-1}$ von **C** ist dadurch gekennzeichnet, daß die Hintereinanderausführung von **C** und $\mathbf{C}^{-1}$ wieder auf den alten Zustand zurückführt. Wenn man also $\mathbf{C}^{-1}$ auch wieder durch eine

Matrix ausdrücken kann (was wir hoffen und auch gleich zeigen werden), muß das Matrizenprodukt von C und C^{-1} die Matrix ergeben, die jeden Vektor auf sich selbst abbildet. Diese Matrix, die sogenannte Einheitsmatrix, sieht so aus:

$$E = \begin{pmatrix} 1 & 0 & 0 \\ 0 & 1 & 0 \\ 0 & 0 & 1 \end{pmatrix}$$

Wenn Sie die Matrizen C und C^{-1} aus dem vorigen Abschnitt miteinander multiplizieren, werden Sie feststellen, daß dort

$$C*C^{-1} = C^{-1}*C = E$$

gilt. (Sie müssen hierbei nur $\sin^2 \alpha + \cos^2 \alpha = 1$ ausnutzen.) C^{-1} heißt die inverse Matrix zu C. Mehr über inverse Matrizen, wann sie existieren (nicht zu jeder Matrix gibt es eine inverse Matrix) und wie man sie ausrechnet, findet man z.B. (dargestellt für 2x2-Matrizen) in [9].

Die inverse Matrix zur Matrix C aus diesem Abschnitt kann man recht schnell "erraten". In den ersten beiden Spalten von C^{-1} müssen wieder die beiden Vektoren (1,0,0) und (0,1,0) stehen, denn nur dann stehen in den ersten beiden Spalten von $C*C^{-1}$ die Vektoren (1,0,0) und (0,1,0), also die ersten beiden Spalten der Einheitsmatrix E. Es bleibt also die letzte Spalte (a',b',c') von C^{-1} zu bestimmen. Rechts unten in der Ecke der Einheitsmatrix steht eine 1, also ist

$$1 = \langle (0,0,1),(a',b',c') \rangle = c' .$$

Die übrigen beiden Elemente in der letzten Spalte von E sind 0. Daraus können wir a' und b' bestimmen:

$$0 = \langle (1,0,a),(a',b',1) \rangle = a' + a$$
$$0 = \langle (0,1,b),(a',b',1) \rangle = b' + b .$$

Unsere inverse Matrix C^{-1} lautet also (machen Sie die Probe):

$$C^{-1} = \begin{pmatrix} 1 & 0 & -a \\ 0 & 1 & -b \\ 0 & 0 & 1 \end{pmatrix}$$

Sie können nun beliebige Schrägprojektionen auf die x,y-Ebene herstellen: Wählen Sie eine Blickrichtung (a,b,1), transformieren Sie das Haus (oder was Sie sonst abbilden wollen) mit C^{-1} und projizieren Sie anschließend orthogonal auf die x,y-Ebene. Hierzu können Sie die Programme des vorigen Abschnitts verwenden. Sie müssen dabei nur die Prozedur OrthMat so abändern, daß sie die neue Matrix C^{-1} aufstellt.

Im Prinzip können Sie den Vektor (a,b,1) völlig beliebig wählen. Dabei erhalten Sie jedesmal eine Ansicht des Hauses, die den Grundriß maßstabgerecht abbildet. Allerdings wirkt diese Ansicht in vielen Fällen nicht allzu realistisch, wie Figur 35 mit Blickrichtung (-5,-10,1) zeigt. Die Verzerrung kommt hauptsächlich dadurch zustande, daß der dritte Koordinatenvektor (0,0,1) bei dieser Projektion auf den Vektor (5,10,0) abgebildet wird, einen Vektor, der wesentlich länger ist als die Projektionen der beiden anderen Koordinatenvektoren (1,0,0) und (0,1,0).

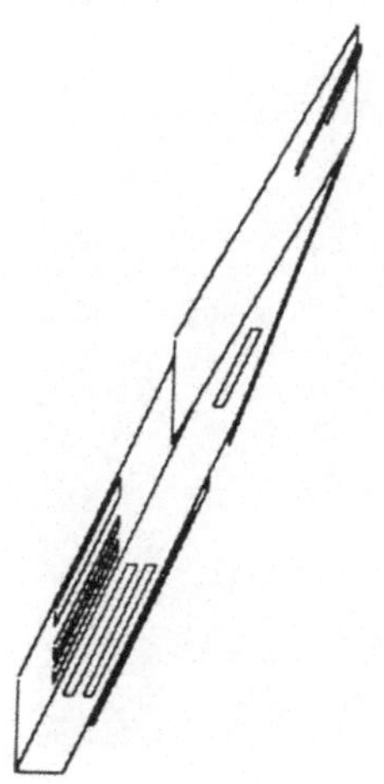

Figur 35

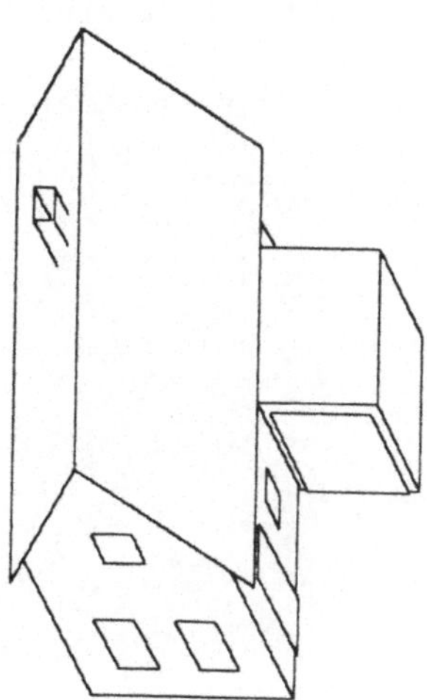

Figur 36

Wählt man eine Blickrichtung (a,b,1) mit $a^2+b^2=1$, bei der also der Vektor (0,0,1) auf den Vektor (-a,-b,0) der Länge 1 projiziert wird, sieht das Haus schon viel besser aus. Ein solcher Blickrichtungsvektor läßt sich als (cos α , sin α , 1) schreiben. Figur 36 ist mit dem Winkel α=-120° dargestellt. Dies ist die sogenannte Militärprojektion (vgl. [6]).

Wir haben uns hier auf Schräprojektionen auf die x,y-Ebene beschränkt. Wenn Sie die Ergebnisse dieses Abschnitts mit den Möglichkeiten der Orthogonalprojektion auf beliebige Ebenen kombinieren, die wir im vorigen Abschnitt behandelt haben, können Sie auch Schrägprojektionen auf andere Ebenen darstellen. ("Kombinieren" heißt hierbei natürlich "Matrizenprodukte bilden" - probieren Sie's mal.)

Sehr gebräuchlich sind auch Schrägprojektionen auf die y,z-Ebene, die man in Büchern über darstellende Geometrie [6] unter dem Stichwort Kavalierprojektion findet. Hierbei werden nicht die Grundrisse unverzerrt dargestellt, sondern Frontansichten. Die Kavalierprojektion eignet sich also z.B. gut zur Darstellung von Gebäuden aus der Sicht eines davorstehenden Betrachters. Gleichzeitig kann man aus einer solchen Zeichnung eines Hauses auch die exakten Maße etwa von Türen und Fenstern ablesen.

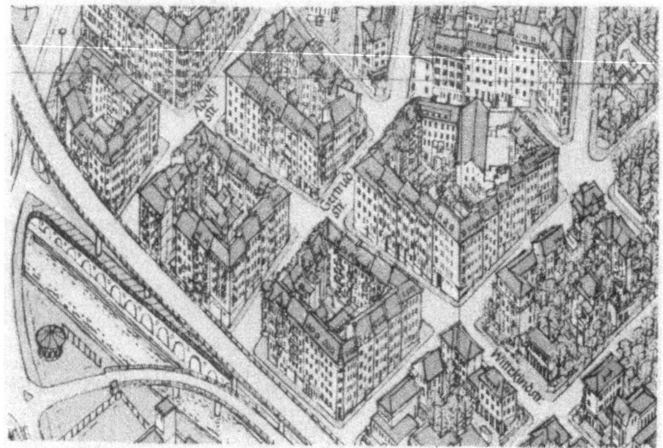

Figur 37

Im Gegensatz dazu hat die Militärprojektion eher etwas "luftbildhaftes" an sich - und wird auch in dieser Weise eingesetzt, beispielsweise bei Stadtplänen (Figur 37), auf denen die mehr oder weniger sehenswerten Bauwerke der Stadt auch bildlich dargestellt sind, gleichzeitig aber die Maße im Stadtplan (einigermaßen) stimmen müssen.

Abschließen wollen wir diesen Abschnitt mit einer Bemerkung, die Ihnen nach den bisherigen Beispielen vermutlich bereits als selbstverständlich erscheint:

> Eine Parallelprojektion bildet parallele Geraden stets wieder auf parallele Geraden ab.

Die Gültigkeit dieses Prinzips wird anschaulich bereits an Hand von Figur 29 klar, und sie erweist sich auch an den übrigen Abbildungen in den beiden letzten Abschnitten (im Rahmen der Genauigkeit des Graphikdruckers). Mit Hilfe der Matrixdarstellung der Parallelprojektion kann man das Prinzip auch rechnerisch verifizieren: Sind zwei Geraden g und h im Raum in Parameterdarstellung mit Richtungsvektoren $\mathbf{q}$ und $\mathbf{r}$ gegeben (s. Abschnitt 3.1), so sind g und h genau dann parallel, wenn $\mathbf{q}$ und $\mathbf{r}$ die gleiche Richtung haben, wenn es also eine Zahl a mit $\mathbf{r} = a*\mathbf{q}$ gibt. Wird die Parallelprojektion durch die Matrix $\mathbf{A}$ beschrieben, so sind $\mathbf{Aq}$ und $\mathbf{Ar} = \mathbf{A}(a*\mathbf{q}) = a*(\mathbf{Aq})$ Richtungsvektoren der projizierten Geraden. Also sind diese Geraden auch wieder parallel.

Die Tatsache, daß parallele Geraden wieder auf parallele Geraden abgebildet werden, kann man nutzen, um Parallelprojektionen zeichnerisch zu konstruieren. Dazu muß man nur die Projektionen $\mathbf{x}$,$\mathbf{y}$ und $\mathbf{z}$ der drei Koordinatenvektoren (1,0,0), (0,1,0) und (0,0,1) kennen. Man kennt dann die Projektionen der drei Koordinatenachsen einschließlich des auf ihnen jeweils gültigen Maßstabs. Die Projektion des Punktes $\mathbf{a}$ aus Figur 22 kann man dann wie in Figur 38 finden, indem man die Projektion des zugehörigen Koordinatenquaders konstruiert. Mit dieser Methode werden

Parallelprojektionen in der darstellenden Geometrie konstruiert. Figur 38 zeigt die Konstruktion für die Militärprojektion.

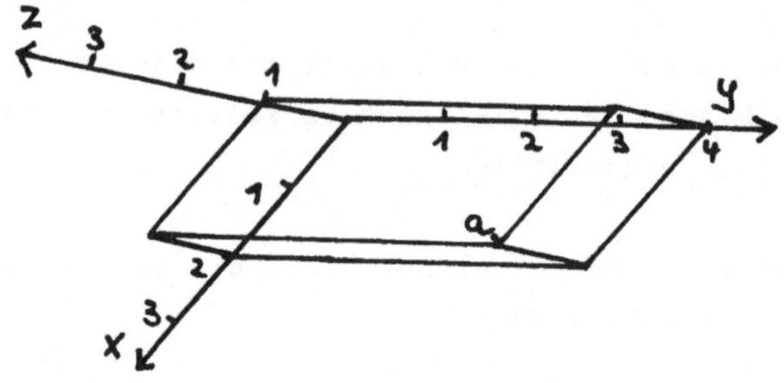

Figur 38

Die Projektion eines Quaders kann man auch für jede andere Vorgabe der drei Vektoren x,y und z (die nicht alle die gleiche Richtung haben) nach dem obigen Verfahren konstruieren. Es fragt sich dabei natürlich, ob die so hergestellte Zeichnung auch immer eine Parallelprojektion (in irgendeiner Richtung auf irgendeine Ebene) darstellt. Dies ist tatsächlich der Fall (Satz von Pohlke), obwohl es auf den ersten Blick keineswegs selbstverständlich ist. (Ohne daß man's vorher weiß, wird man Figur 35 nicht für eine Parallelprojektion des Hauses halten.) Für den Fall, daß $x=(1,0,0)$, $y=(0,1,0)$ und z beliebig ist, haben wir dies durch die obige Matrixdarstellung gezeigt. Das Gleiche gilt damit auch für jede andere Wahl von x,y,z, bei der x und y die gleiche Länge haben und senkrecht aufeinander stehen (passende Wahl des Maßstabs und Drehen des Zeichenblatts). Auf einen vollständigen Beweis des Satzes von Pohlke verzichten wir.

4.3 Zentralprojektion

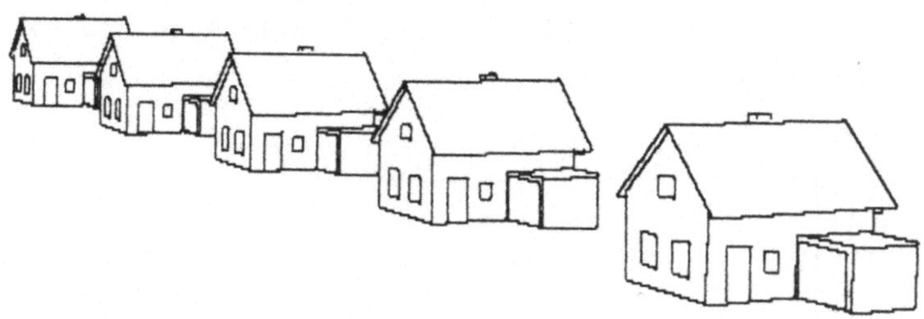

Figur 39

Parallelprojektionen liefern in vielen Fällen recht realistische Darstellungen räumlicher Objekte, wie die Beispiele aus den vorhergehenden Abschnitten zeigen. Dies kann jedoch nicht darüber hinwegtäuschen, daß das Auge die Welt nicht mit einer Parallelprojektion abbildet. Parallele Geraden erscheinen beim räumlichen Sehen keineswegs wieder parallel. Wenn man etwa eine Straße hinunterblickt, so wird die Straße zum Horizont hin immer schmaler, die parallelen Straßenränder laufen also in der Projektion aufeinander zu. Figur 39 gibt diesen räumlichen Eindruck, während die Parallelprojektion der gleichen Straße in Figur 40 unnatürlich wirkt.

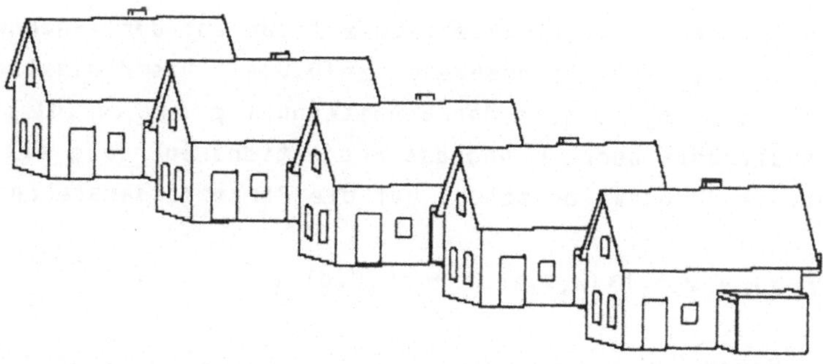

Figur 40

Um einen perspektivischen Eindruck wie beim räumlichen Sehen zu erhalten, muß man anstelle einer Parallelprojektion eine Zentralprojektion anwenden. Bei der Zentralprojektion sind die Projektionsstrahlen nicht parallel, sondern gehen von einem Punkt, dem Projektionszentrum aus (Figur 41). Das Auge des Beobachters befindet sich im Projektionszentrum, das deshalb auch häufig Augpunkt genannt wird.

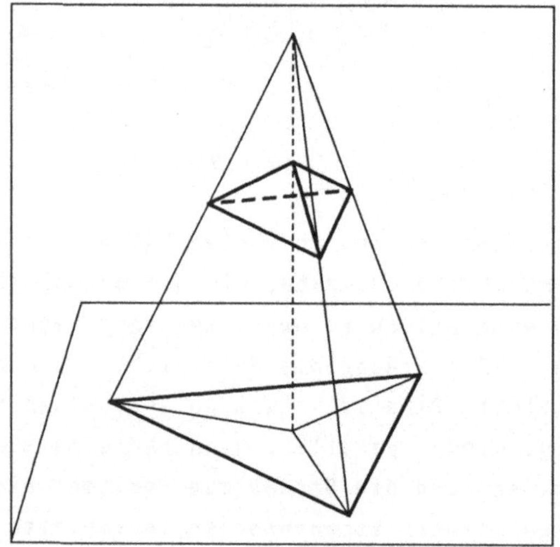

Figur 41

Zur mathematischen Beschreibung der Zentralprojektion gehen wir zunächst von einem Spezialfall aus: Die Projektionsebene sei die x,y-Ebene und das Projektionszentrum **z** liege auf der z-Achse im Abstand d von der Projektionsebene, **z**=(0,0,d). Die Projektion eines Punktes **p**=(x,y,z) ist der Schnittpunkt **p**'=(x',y',0) des Projektionsstrahls durch **p** und das Projektionszentrum **z** mit der x,y-Ebene. Der Projektionsstrahl hat die Parameterdarstellung

$$t*(\mathbf{p}-\mathbf{z}) + \mathbf{z} = t*(x,y,z-d) + (0,0,d) ,$$

wobei der Parameter t alle reellen Zahlen durchläuft. Sein Schnittpunkt mit der x,y-Ebene bestimmt sich aus der Vektorgleichung

$$t*(x,y,z-d) + (0,0,d) = (x',y',0) .$$

Koordinatenweise aufgeschrieben ist dies:

$$t*x = x'$$
$$t*y = y'$$
$$t*(z-d) = -d$$

Aus der letzten Gleichung entnimmt man den Parameterwert des Schnittpunkts:

$$t = \frac{d}{d-z} .$$

Damit erhalten wir die Projektion eines Punktes, indem wir ihn mit dem Wert dieses Parameters multiplizieren und anschließend orthogonal auf die x,y-Ebene projizieren:

> Es sei π_d die Zentralprojektion auf die x,y-Ebene mit Projektionszentrum (0,0,d). Man erhält die Projektion $\mathbf{p}' = \pi_d(\mathbf{p})$ eines Punktes $\mathbf{p}=(x,y,z)$, indem man $\mathbf{p}$ mit dem Faktor d/(d-z) multipliziert und diesen Punkt anschließend orthogonal auf die x,y-Ebene projiziert:
>
> $$\mathbf{p}' = (x*d/(d-z) \ , \ y*d/(d-z) \ , \ 0) .$$

Mit den Mitteln aus Abschnitt 4.1 können wir auch Zentralprojektionen auf beliebige andere Ebenen durch den Koordinatenursprung herstellen. Hierzu müssen wir nur zuerst die Blickrichtung ändern, wie in Abschnitt 4.1 beschrieben, und dann die obige Zentralprojektion auf die x,y-Ebene anwenden. Mit der folgenden Prozedur ZentProj können wir so Zentralprojektionen aus beliebiger Blickrichtung anfertigen.

```
procedure ZentProj(phi,theta:real; dZent:integer); (* D3Pak1 *)

(* Zentralprojektion auf Ebene mit Normalenvektor phi,theta (Polarkoord.) *)
(* Projektionszentrum auf Gerade durch 0 senkrecht zur Projektionsebene *)
(* im Abstand dZent *)
```

```
var i,j:integer;
    faktor:real;
    A:MatTyp;
    v,w:VektTyp;

begin

   OrthMat(A,phi,theta);

   for i:=1 to D3PktZahl do begin
      KonvPktVekt(D3Pkt[i],v);
      MatVekt(A,v,w);
      faktor:=dZent/(dZent-w[3]);
      for j:=1 to 3 do w[j]:=faktor*w[j];
      D2PktEin(w[1],w[2],w[3]);
   end;

end; (* von ZentProj *)
```

Um die Zentralprojektion einer Strecke zu bekommen, muß man, wie bei der Parallelprojektion, nur ihre Endpunkte projizieren und die Strecke zwischen den projizierten Endpunkten zeichnen. Anschaulich sieht man das an Figur 41, und man kann es auch mit der Abbildungsformel der Zentralprojektion und der Parameterdarstellung einer Strecke nachrechnen. Das ist allerdings etwas mühsamer als im Fall der Parallelprojektion.

Durch verschiedene Wahl des Projektionszentrums kann man das Aussehen des Bildes beeinflussen:

> Je näher das Projektionszentrum am Objekt liegt, um so stärker ist die perspektivische Verzerrung, d.h. um so spitzer laufen in der Natur parallele Geraden in der Projektion aufeinander zu.

Die Figuren 42 und 43 zeigen eine Zentralprojektion, bei der das Zentrum einmal ganz nahe beim Haus liegt und einmal etwas weiter weg. Bewegt man das Zentrum unendlich weit vom Haus weg, so geht die Zentralprojektion in eine Parallelprojektion über, und man erhält die Darstellung des Hauses aus Figur 34. Dieses Verhalten der Zentralprojektion kann man auch an der Abbildungsformel ablesen. Die Lage des Projektionszentrums nahe beim Objekt bewirkt, daß der Nenner des Bruchs d/(d-z) sehr klein ist, der Bruch also insgesamt eine große Zahl ist. Die Multiplikation der x- und y-Koordinate mit d/(d-z) führt deshalb zu einer starken Verzerrung. Für großes d dahingegen strebt der Faktor d/(d-z) gegen 1 und bewirkt somit keine Verzerrung - wir erhalten eine Parallelprojektion.

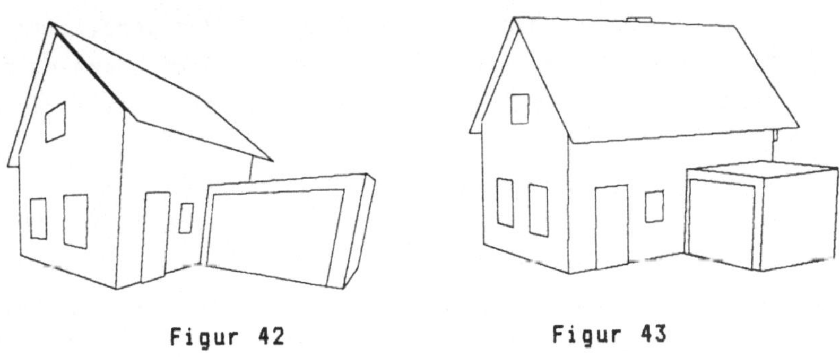

Figur 42 Figur 43

Figur 42 wirkt wie eine Aufnahme mit einem extrem starken Weitwinkelobjektiv, Figur 43 sieht ungefähr so aus, wie man das Haus mit dem bloßen Auge sieht und Figur 34 ist eine Aufnahme des Hauses aus großer Entfernung mit einem starken Teleobjektiv. Eine realistische Perspektive erhält man, wenn man den Abstand des Projektionszentrums vom Objekt nach der folgenden Faustregel (Sichtkugelverfahren) wählt: Man lege eine Kugel von möglichst kleinem Radius r um das Objekt und wähle das Projektionszentrum im Abstand 2r vom Kugelmittelpunkt (Figur 44).

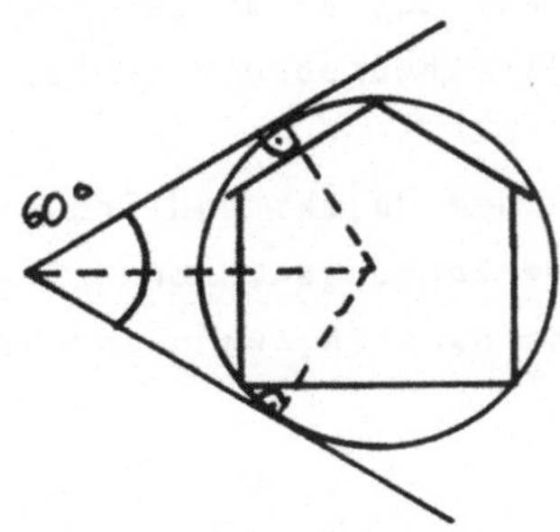

Figur 44

Der Grund für das Funktionieren dieser Regel ist, daß das menschliche Auge einen Sehwinkel von ca. 60° hat, d.h. man sieht alles scharf, was sich in einem Kegel von 60° öffnungswinkel befindet. Wählt man das Projektionszentrum gemäß Figur 44, so sorgt man gerade dafür, daß sich das Objekt in diesem Kegel befindet.

Die Entfernung zwischen Projektionszentrum und betrachtetem Objekt ist also entscheidend für das Aussehen des projizierten Bildes. Die Entfernung zwischen Objekt und Projektionsebene ist dagegen ziemlich belanglos. An Hand von Figur 41 sieht man:

> Verschiebt man die Projektionsebene, so bewirkt dies lediglich eine Änderung der Bildgröße: Zentralprojektionen eines festen Objekts bzgl. eines festen Projektionszentrums auf zwei verschiedene, zueinander parallele Projektionsebenen E und E' sind ähnlich, d.h. die Bilder lassen sich durch eine Streckung ineinander überführen.

In unseren Programmen regeln wir die Bildgröße ohnehin gesondert, etwa durch die Prozedur StandardFensterBild. In der Prozedur ZentProj müssen wir deshalb keine Wahlmöglichkeiten für verschiedene Projektionsebenen vorsehen.

Um ein realistisches Bild zu erhalten, sollte die Orthogonalprojektion des Projektionszentrums auf die Projektionsebene, also in unserem Fall der Punkt (0,0,0), ungefähr in der Bildmitte liegen. Sorgen Sie also (durch eine geeignete Translation) dafür, daß das Objekt, das Sie betrachten wollen, einigermaßen symmetrisch um den Koordinatenursprung gruppiert ist.

Zu geringer Abstand zwischen Objekt und Projektionszentrum führt nicht nur zu grotesken Verzerrungen, sondern im Extremfall sogar zum Programmabsturz, dann nämlich, wenn man versucht "verbotene Punkte" zu projizieren:

Bei der Zentralprojektion auf die Ebene E mit Projektionszentrum **z** lassen sich die Punkte der Ebene E', die parallel zu E ist und **z** enthält, nicht projizieren.

Für einen Punkt von E' erhält man nämlich einen Projektionsstrahl, der parallel zur Projektionsebene E verläuft, also keinen Schnittpunkt mit E hat. Für den Fall einer Projektion auf die x,y-Ebene mit Zentrum **z**=(0,0,d), auf den wir jede Zentralprojektion in unserem Programm zurückführen, besteht E' aus allen Punkten der Form (x,y,z)=(x,y,d). Der Versuch, einen solchen Punkt nach der Abbildungsvorschrift dieser Zentralprojektion zu projizieren, führt auf eine verbotene Division durch 0: d/(d-z)=d/(d-d)=d/0, also zum Ausstieg des Programms. Im Unterschied zur Parallelprojektion, bei der man jeden Punkt projizieren kann, ist damit bei der Zentralprojektion eine ganze Ebene E' von Punkten von der Projektion ausgeschlossen, und man muß darauf achten, daß diese Ebene das zu projizierende Objekt nicht schneidet.

5. 3-dimensionale Objekte

Es ist recht mühsam, 3-dimensionale Objekte von Hand in die Felder D3Pkt und Pol unserer 3D-Struktur einzugeben. Bereits für einen so simplen Körper wie den Würfel muß man mehr als 50 Zahlen eintippen (24 für die Koordinaten der 8 Eckpunkte, 24 für die Eckenlisten der 6 Seitenflächen...). Bei der Eingabe größerer Datenmengen macht man außerdem fast zwangsläufig Fehler - und die entstellen das Bild des Objekts meist bis zur Unkenntlichkeit. Ein einigermaßen komfortables Graphikprogramm muß deshalb Prozeduren enthalten, die "Graphikbausteine", wie Würfel oder die Häuser des letzten Kapitels erzeugen und an bestimmten Stellen im Raum plazieren. Im Abschnitt 2.3 haben wir mit Elef2 bereits ein Beispiel für eine solche Prozedur in der 2D-Graphik kennengelernt.

In den folgenden Abschnitten stellen wir Ihnen eine Reihe von Prozeduren zur Erzeugung 3-dimensionaler Graphikelemente vor. Bei einigen haben wir einfach die Eingaben, die man sonst von Hand machen müßte, in eine Prozedur geschrieben, bei anderen haben wir besondere Beschreibungsmöglichkeiten, wie Rotationssymmetrie (Abschnitt 5.2) oder eine Funktionsgleichung (Abschnitt 5.4) ausgenutzt, um die Programme kürzer und eleganter zu gestalten.

5.1 Die platonischen Körper

Am Ende von Abschnitt 3.1 hatten wir (konvexe) Polytope als beschränkte Durchschnitte endlich vieler Halbräume definiert. Als erstes Beispiel für diese durch ebene Flächen begrenzten Körper hatten wir dort den Würfel betrachtet. Der Würfel zeichnet sich durch einen besonders regelmäßigen Aufbau aus: alle seine Seitenflächen sind regelmäßige Vierecke (Quadrate), und in jeder Ecke stoßen gleichviele, nämlich drei, davon zusammen.

Ein Polytop, dessen Seitenflächen sämtlich regelmäßige n-Ecke (n ist die gleiche feste Zahl für alle Seitenflächen) sind, und bei dem in jeder Ecke die gleiche Anzahl von

Seitenflächen zusammenstößt, heißt ein <u>platonischer Körper</u>. (Ein n-Eck heißt <u>regelmäßig</u>, wenn alle Kanten die gleiche Länge haben und die beiden Kanten, die in einer Ecke zusammenstoßen, stets den gleichen Winkel einschließen.)

Diese Bedingungen sind so stark, daß es insgesamt nur 5 verschiedene platonische Körper gibt, nämlich (in Figur 45 von links nach rechts) Tetraeder, Würfel, Oktaeder, Dodekaeder und Ikosaeder.

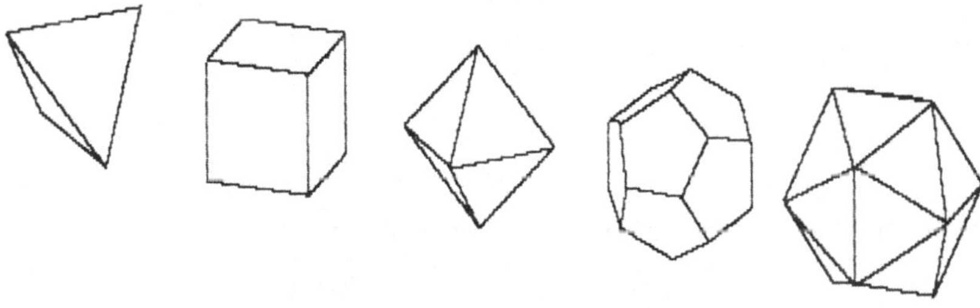

Figur 45

Daß es nicht mehr als 5 platonische Körper gibt, läßt sich aus der folgenden Formel herleiten:

> Ist P ein beliebiges (3-dimensionales) Polytop und sind e,k und f die Anzahlen seiner Ecken, Kanten und Seitenflächen, so gilt stets die <u>Euler-Formel</u> $e - k + f = 2$.

Einen Beweis für diese (vielleicht etwas erstaunliche?) Formel finden Sie z.B. in [11]. Mit ihrer Hilfe können wir nun schnell nachrechnen, daß es höchstens 5 platonische Körper gibt. Angenommen, es gibt einen platonischen Körper mit n-eckigen Seitenflächen, von denen jeweils m in einer Ecke zusammenstoßen. Die Anzahl k der Kanten können wir dann folgendermaßen bestimmen: Wir zählen die Anzahl der Kanten jeder Seitenfläche (jeweils n Stück) und summieren diese f Zahlen auf. Als Ergebnis erhalten wir fn. Bei diesem Abzählverfahren haben wir die Kanten gerade doppelt gezählt, denn jede Kante liegt ja in zwei Seitenflächen:

$$fn = 2k .$$

In jeder Ecke stoßen m Seitenflächen, also auch m Kanten zusammen. Wenn wir die Anzahl der in einer Ecke anstoßenden Kanten über alle e Ecken aufsummieren, ist das Ergebnis em wiederum die doppelte Kantenzahl, denn jede Kante hat zwei Enden:

$$em = 2k .$$

Mit diesen beiden Gleichungen können wir e und f aus der Euler-Formel eliminieren, und erhalten:

$$k \left(\frac{1}{m} + \frac{1}{n} - \frac{1}{2} \right) = 2 .$$

Da die Kantenzahl positiv ist, muß der Klammerausdruck auch positiv sein. Dies geht offenbar nur für kleine Werte von m und n. Man prüft leicht nach, daß die Klammer genau für die 5 Kombinationen m=3, n=3 (Tetraeder); m=3, n=4 (Würfel); m=4, n=3 (Oktaeder); m=3, n=5 (Dodekaeder); m=5, n=3 (Ikosaeder) positiv ist. (Bisher haben wir übrigens noch nicht ausgenutzt, daß die Seitenflächen regelmäßig sind, sondern nur, daß sie alle n Ecken haben und immer m in einer Ecke zusammenstoßen.)

Hiermit ist natürlich noch nicht bewiesen, daß es nicht mehr als 5 platonische Körper gibt - es könnten ja zu einer der obigen Kombinationen von m und n mehrere verschiedene Polytope existieren. Andererseits haben wir auch noch nicht gezeigt, daß es die 5 platonischen Körper aus Figur 45 tatsächlich gibt (Koordinaten der Ecken?). Beide Probleme kann man durch eine Konstruktion der platonischen Körper lösen. Fügt man die m regelmäßigen n-Ecke, die in einer Ecke x zusammenstoßen, zusammen, so ergibt sich ein "steifes" Gebilde, d.h. die Lage aller Ecken dieser m Seitenflächen ist relativ zu x eindeutig bestimmt. (Man kann dies mit den Mitteln aus Abschnitt 3.1 ausrechnen oder sich auch anschaulich durch Bau eines Pappmodells klarmachen.) Durch Ansetzen regelmäßiger n-Ecke am Rand des bisher konstruierten Teils kann man diese Konstruktion in eindeutiger Weise fortsetzen. Daraus folgt, daß es (bis auf die Größe und die Lage im Raum) höchstens einen platonischen Körper zu jeder der obigen Kombinationen von m und n gibt. In jedem der 5 Fälle schließt sich die Konstruktion (ohne überlappungen oder Durchdringungen). Hieraus kann man Koordinaten der Ecken des platonischen Körpers gewinnen (und damit zeigen, daß es die Polytope aus Figur 45 tatsächlich gibt). Diesen mühseligen Weg zur Konstruktion der platonischen Körper wollen wir hier jedoch etwas abkürzen:

Einen Würfel hatten wir bereits im Abschnitt 3.1 konstruiert. Seine 8 Ecken waren die Punkte (x,y,z), bei denen x,y und z die Werte 0 und 1 durchlaufen (S. 66). Setzen wir dort statt 0 den Wert -1 ein, erhalten wir ebenfalls einen Würfel, und zwar einen, der symmetrisch zum Koordinatenursprung liegt. Dieser Würfel wird von der folgenden Prozedur MachWuerfel konstruiert, wobei seine Größe noch durch den Parameter g variiert werden kann (Streckung mit Faktor g), und sein Mittelpunkt sich um den Translationsvektor (t1,t2,t3) verschieben läßt. Zur Eingabe der Seitenflächen benutzen wir die Prozedur ein aus dem Programmpaket D3Pak1 (S. 69).

```
procedure MachWuerfel(g,t1,t2,t3,pn:integer);

(* Macht Würfel, Größe g, Mittelpunkt (t1,t2,t3) *)

var s:integer;

begin

   s:=D3PktZahl;

   D3PktEin(-g+t1,-g+t2,-g+t3); D3PktEin(-g+t1,g+t2,-g+t3);
   D3PktEin(g+t1,g+t2,-g+t3); D3PktEin(g+t1,-g+t2,-g+t3);
   D3PktEin(-g+t1,-g+t2,g+t3); D3PktEin(-g+t1,g+t2,g+t3);
   D3PktEin(g+t1,g+t2,g+t3); D3PktEin(g+t1,-g+t2,g+t3);

   ein(4,3,2,1,0,4,pn,s); ein(2,6,5,1,0,4,pn,s);
   ein(3,7,6,2,0,4,pn,s); ein(4,8,7,3,0,4,pn,s);
   ein(5,8,4,1,0,4,pn,s); ein(6,7,8,5,0,4,pn,s);

end; (* von MachWuerfel *)
```

Ein Tetraeder läßt sich aus diesem Würfel gemäß Figur 46 konstruieren: K_1 sei eine Diagonale des "Deckels" des Würfels, K_2 die entgegengesetzte Diagonale des "Bodens". Die Ecken des Tetraeders sind also (1,1,1), (-1,-1,1) und (1,-1,-1), (-1,1,-1). Jeweils 3 dieser 4 Ecken spannen eine Seitenfläche des Tetraeders auf. Mit der Formel für die Länge eines Vektors aus Abschnitt 3.1 können Sie sofort nachrechnen, daß alle Seitenflächen tatsächlich gleichseitige Dreiecke sind.

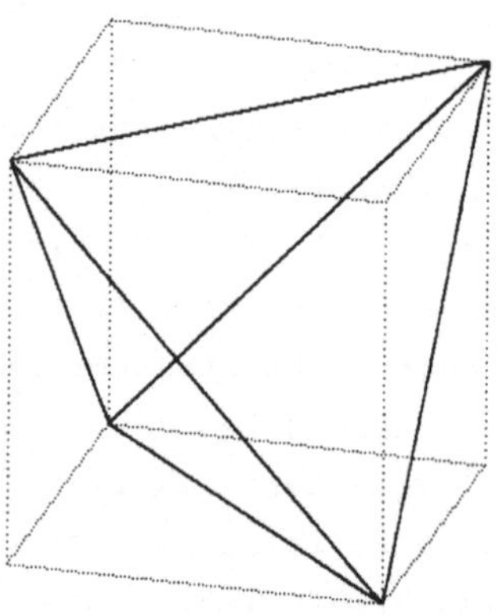

Figur 46

```
procedure MachTetraeder(g,t1,t2,t3,pn:integer);

(* Macht Tetraeder, Größe g, Mittelpunkt (t1,t2,t3) *)

var s:integer;

begin

   s:=D3PktZahl;

   D3PktEin(g+t1,g+t2,g+t3); D3PktEin(g+t1,-g+t2,-g+t3);
   D3PktEin(-g+t1,g+t2,-g+t3); D3PktEin(-g+t1,-g+t2,g+t3);

   ein(1,2,4,0,0,3,pn,s); ein(1,4,3,0,0,3,pn,s);
   ein(1,3,2,0,0,3,pn,s); ein(2,3,4,0,0,3,pn,s);

end; (* von MachTetraeder *)
```

Ein Oktaeder können wir als Doppelpyramide über einem Quadrat konstruieren: Als Ecken des Quadrats wählen wir die Punkte (1,0,0), (0,-1,0), (-1,0,0) und (0,1,0). Die Kantenlänge des Quadrats beträgt also 2. Die Punkte (0,0,-1) und (0,0,1) haben von den vier Ecken des Qaudrats ebenfalls den Abstand $\sqrt{2}$. Wir können sie deshalb als untere und obere Doppelpyramidenspitze des Oktaeders verwenden.

```
procedure MachOktaeder(g,t1,t2,t3,pn:integer);

(* Macht Oktaeder, Größe g, Mittelpunkt (t1,t2,t3) *)

var s:integer;

begin

   s:=D3PktZahl;

   D3PktEin(t1,-g+t2,t3); D3PktEin(g+t1,t2,t3);
   D3PktEin(t1,g+t2,t3); D3PktEin(-g+t1,t2,t3);
   D3PktEin(t1,t2,g+t3); D3PktEin(t1,t2,-g+t3);

   ein(5,2,1,0,0,3,pn,s); ein(5,3,2,0,0,3,pn,s);
   ein(5,4,3,0,0,3,pn,s); ein(5,1,4,0,0,3,pn,s);
   ein(6,1,2,0,0,3,pn,s); ein(6,2,3,0,0,3,pn,s);
   ein(6,3,4,0,0,3,pn,s); ein(6,4,1,0,0,3,pn,s);

end; (* von MachOktaeder *)
```

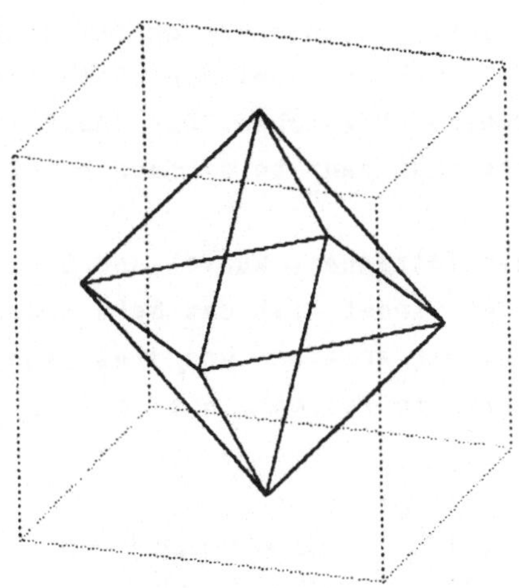

Figur 47

Zwischen Oktaeder und Würfel besteht übrigens ein interessanter Zusammenhang (Figur 47). Die Ecken des Oktaeders sind die Mittelpunkte der Seitenflächen des Würfels. Zwei Ecken des Oktaeders sind genau dann durch eine Kante verbunden, wenn die entsprechenden Seitenflächen des Würfels eine Kante gemeinsam haben. Drei Ecken des Oktaeders spannen genau dann eine Seitenfläche des Oktaeders auf, wenn die entsprechenden Seitenflächen des Würfels eine Ecke gemeinsam haben.

Oktaeder		Würfel
Ecke	<----->	Seitenfläche
Kante	<----->	Kante
Seitenfläche	<----->	Ecke

Zwei Polytope, die in einem solchen Verhältnis zueinander stehen, heißen dual. Zu einem platonischen Körper P kann man einen dualen Körper P^* stets so konstruieren, wie wir das Oktaeder aus dem Würfel gewonnen haben: man nehme die Mittelpunkte der Seitenflächen von P als Ecken von P^*. P^* ist wiederum ein platonischer Körper. Z.B. erhält man aus dem Oktaeder mit dieser Konstruktion wieder einen Würfel. Damit könnte man Figur 47 zu einer beliebig langen Folge fortsetzen, die abwechselnd aus Würfeln und Oktaedern besteht, und bei der jedes Polytop dem vorhergehenden einbeschrieben ist. (Welcher Körper ist dual zum Tetraeder?) Dualität gibt es nicht nur bei den platonischen Körpern, sondern auch bei allgemeinen Polytopen. Das duale Polytop läßt sich dann allerdings nicht mehr ganz so einfach konstruieren, wie hier.

Während man beim Tetraeder, Würfel und Oktaeder die Koordinaten noch recht leicht findet, ist das beim Ikosaeder schon schwieriger, und wir erlauben uns, diese Koordinaten hier einfach "vom Himmel fallen zu lassen". Mit $c = (1 + \sqrt{5})/2$ bilden die Punkte

1 = (-1,0,c)	**2** = (-c,1,0)	**3** = (-1,0,-c)
4 = (1,0,-c)	**5** = (c,-1,0)	**6** = (1,0,c)
7 = (0,c,1)	**8** = (0,c,-1)	**9** = (c,1,0)
10 = (-c,-1,0)	**11** = (0,-c,-1)	**12** = (0,-c,1)

die Ecken des in Figur 48 gezeigten Ikosaeders.

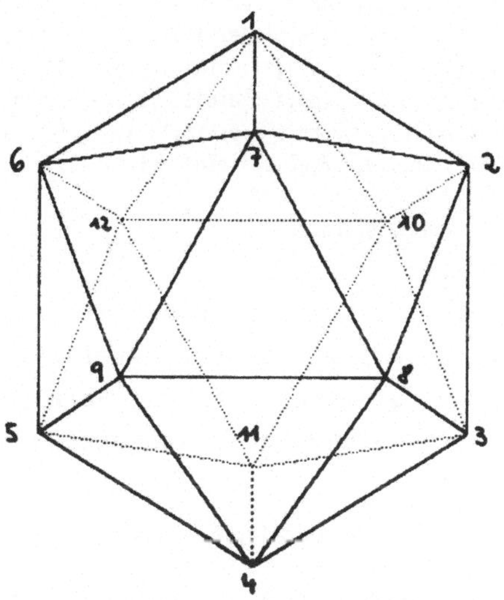

Figur 48

```
procedure MachIkosaeder(g,t1,t2,t3,pn:integer);

(* Macht Ikosaeder, Größe g, Mittelpunkt (t1,t2,t3) *)

const c=1.618034;

var   s:integer;

begin

   s:=D3PktZahl;

   D3PktEin(-g+t1,t2,c*g+t3); D3PktEin(-g*c+t1,g+t2,t3);
   D3PktEin(-g+t1,t2,-g*c+t3); D3PktEin(g+t1,t2,-g*c+t3);
   D3PktEin(g*c+t1,-g+t2,t3); D3PktEin(g+t1,t2,g*c+t3);
   D3PktEin(t1,g*c+t2,g+t3); D3PktEin(t1,g*c+t2,-g+t3);
   D3PktEin(g*c+t1,g+t2,t3); D3PktEin(-g*c+t1,-g+t2,t3);
   D3PktEin(t1,-g*c+t2,-g+t3); D3PktEin(t1,-g*c+t2,g+t3);
```

```
    ein(2,7,1,0,0,3,pn,s); ein(8,7,2,0,0,3,pn,s);
    ein(3,8,2,0,0,3,pn,s); ein(4,8,3,0,0,3,pn,s);
    ein(4,9,8,0,0,3,pn,s); ein(5,9,4,0,0,3,pn,s);
    ein(6,9,5,0,0,3,pn,s); ein(7,9,6,0,0,3,pn,s);
    ein(1,7,6,0,0,3,pn,s); ein(8,9,7,0,0,3,pn,s);
    ein(10,2,1,0,0,3,pn,s); ein(10,3,2,0,0,3,pn,s);
    ein(10,11,3,0,0,3,pn,s); ein(11,4,3,0,0,3,pn,s);
    ein(11,5,4,0,0,3,pn,s); ein(11,12,5,0,0,3,pn,s);
    ein(12,6,5,0,0,3,pn,s); ein(6,12,1,0,0,3,pn,s);
    ein(12,10,1,0,0,3,pn,s); ein(12,11,10,0,0,3,pn,s);

end; (* von MachIkosaeder *)
```

Bei der Konstruktion des Dodekaeders können wir ausnutzen, daß das Dodekaeder zum Ikosaeder dual ist. Die folgende Prozedur erzeugt (bei gleicher Wahl der Parameter g, t1, t2 und t3) das dem Ikosaeder einbeschriebene Dodekaeder.

```
procedure MachDodekaeder(g,t1,t2,t3,pn:integer);

(* Macht Dodekaeder, Größe g, Mittelpunkt (t1,t2,t3) *)

const c=1.618034;
      c2=2.618034;

var   s:integer;

begin

    s:=D3PktZahl; g:=round(g*c) div 3;

    D3PktEin(-g*c+t1,g*c+t2,g*c+t3); D3PktEin(-g+t1,c2*g+t2,t3);
    D3PktEin(-c*g+t1,c*g+t2,-c*g+t3); D3PktEin(t1,g+t2,-c2*g+t3);
    D3PktEin(g*c+t1,g*c+t2,-g*c+t3); D3PktEin(g*c2+t1,t2,-g+t3);
    D3PktEin(g*c2+t1,t2,g+t3); D3PktEin(g*c+t1,g*c+t2,g*c+t3);
    D3PktEin(t1,g+t2,g*c2+t3); D3PktEin(g+t1,g*c2+t2,t3);
    D3PktEin(-g*c2+t1,t2,g+t3); D3PktEin(-g*c2+t1,t2,-g+t3);
    D3PktEin(-g*c+t1,-g*c+t2,-g*c+t3); D3PktEin(t1,-g+t2,-g*c2+t3);
    D3PktEin(g*c+t1,-g*c+t2,-g*c+t3); D3PktEin(g+t1,-g*c2+t2,t3);
    D3PktEin(g*c+t1,-g*c+t2,g*c+t3); D3PktEin(t1,-g+t2,g*c2+t3);
    D3PktEin(-g*c+t1,-g*c+t2,g*c+t3); D3PktEin(-g+t1,-g*c2+t2,t3);

    ein(2,10,8,9,1,5,pn,s); ein(5,6,7,8,10,5,pn,s);
    ein(3,4,5,10,2,5,pn,s); ein(11,12,3,2,1,5,pn,s);
    ein(7,17,18,9,8,5,pn,s); ein(14,15,6,5,4,5,pn,s);
    ein(19,20,13,12,11,5,pn,s); ein(20,19,18,17,16,5,pn,s);
    ein(20,16,15,14,13,5,pn,s); ein(9,18,19,11,1,5,pn,s);
    ein(3,12,13,14,4,5,pn,s); ein(6,15,16,17,7,5,pn,s);

end; (* von MachDodekaeder *)
```

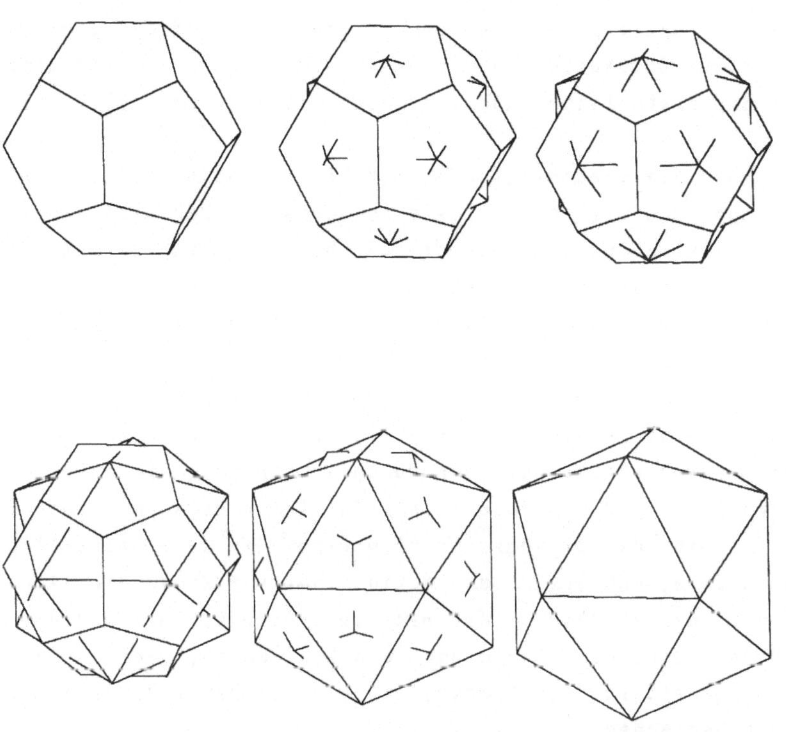

Figur 49

Figur 49 zeigt die Dualität zwischen Dodekaeder und Ikosaeder. Die Bildfolge beginnt oben links mit einem (unsichtbaren) Ikosaeder, das einem Dodekaeder einbeschrieben ist. In den weiteren Bildern wird das Ikosaeder dann immer mehr "aufgeblasen" (Erhöhung des Parameters g in der Prozedur MachIkosaeder). Dabei durchstößt es die Seitenflächen des Dodekaeders und hat das Dodekaeder im letzten Bild unten rechts ganz "verschluckt". In dieser Lage ist das Dodekaeder dem Ikosaeder so einbeschrieben, daß seine Ecken die Mittelpunkte der Ikosaederseiten sind.

Über die platonischen Körper läßt sich noch mehr Interessantes sagen. Ein platonischer Körper hat z.B. sehr viele Symmetrien, d.h. Drehungen und Spiegelungen, die ihn wieder auf sich selbst abbilden. Das Tetraeder hat 24 Symmetrien, Würfel und Oktaeder 48 und Dodekaeder und Ikosaeder 120. (Würfel und Oktaeder haben wegen der Dualität die gleichen Symmetrien, und das gleiche trifft auf Dodekaeder und Ikosaeder zu.) Weitere Informationen über die platonischen Körper finden Sie z.B. in [11].

Wir haben die platonischen Körper hier deshalb als Beispiele für Polytope vorgestellt, weil sie ästhetisch schön sind und wegen ihres regelmäßigen Aufbaus eine Reihe interessanter mathematischer Eigenschaften haben. Man kann sich aber natürlich beliebig viele andere Polytope konstruieren. Ein Verfahren hierzu besteht darin, von einem vorhandenen Polytop durch ebene Schnitte Teile abzuschneiden. Dies führt wieder zu einem Polytop, denn Polytope sind ja Durchschnitte von Halbräumen. Beispielsweise kann man von einem Ikosaeder durch 12 Schnitte die Ecken so abschneiden, daß von jeder Kante des Ikosaeders an beiden Enden jeweils ein Drittel abgeschnitten wird. Die 12 Schnittflächen sind 5-Ecke, und die 20 dreieckigen Seitenflächen des Ikosaeders gehen in 6-Ecke über. Färbt man die 5-Ecke schwarz und die 6-Ecke weiß und rundet das Ganze noch ein bißchen ab, damit's besser rollt, erhält man ein Sportgerät, das die Deutschen vizemeisterlich beherrschen...

5.2 Rotationskörper

In den Prozeduren des vorigen Abschnitts wurden die Eckpunkte und Seitenflächen der Polytope im wesentlichen genauso eingegeben, wie man dies von Hand auch getan hätte. In diesem Abschnitt wollen wir geometrische Objekte durch Ausnutzung von Symmetrien etwas eleganter erzeugen. Die "Weltkugel" aus Figur 50 kann man beispielsweise durch Rotation des dick gezeichneten Polygonzuges um die Erdachse herstellen. Man dreht den Polygonzug jeweils um einen festen Winkel (hier 30°) weiter und verbindet entsprechende Kanten des ursprünglichen und des weitergedrehten Polygonzugs durch ein Viereck oder (an den Polen) durch ein Dreieck.

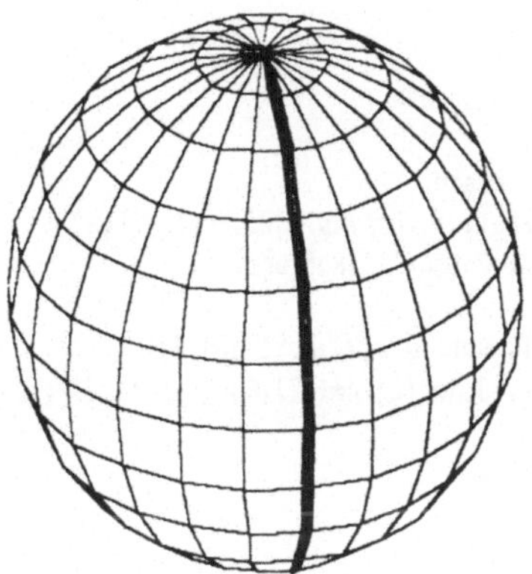

Figur 50

Die folgende Prozedur rot1 setzt einen Polygonzug mit n+2 Ecken, n $\leq$ MaxRot, durch Drehung um den Winkel alpha um die z-Achse in einen Rotationskörper um. Der Polygonzug liegt in der x,z-Ebene und muß seine beiden Enden auf der z-Achse haben. Er wird durch den Parameter RotZug an rot1 übergeben.

```
const MaxRot1=15 (* Max. Eckenzahl des rot. Polygonzuges *);

type RotZugTyp=array [0..MaxRot1] of VektTyp;


procedure Rot1(RotZug:RotZugTyp; n:integer; alpha:real);

(* Polygonzug RotZug mit n+2 Ecken in x,z-Ebene rechts von der z-Achse *)
(* Ecken im Uhrzeigersinn numeriert, RotZug[0], RotZug[n+1] auf der z-Achse *)
(* Erzeugt Rotationskörper durch Drehung von RotZug um alpha um die z-Achse *)

var a,b,c,d,i,j,k,l,m:integer;
    Matrix:MatTyp;

begin

   (* Anz. m-1 der Rotationen und Rotationsmatrix berechnen *)
   m:=trunc(360/alpha);
   alpha:=Bogen(alpha);
   for i:=1 to 3 do
      for j:=1 to 3 do Matrix[i,j]:=0;
```

```
    Matrix[1,1]:=cos(alpha); Matrix[1,2]:=-sin(alpha);
    Matrix[2,1]:=sin(alpha); Matrix[2,2]:=cos(alpha);
    Matrix[3,3]:=1;

    (* Eckenkoordinaten eingeben *)
    for j:=1 to m do
      for i:=1 to n do begin
        D3PktEin(RotZug[i,1],RotZug[i,2],RotZug[i,3]);
        MatVekt(Matrix,RotZug[i],RotZug[i]);
      end;
    D3PktEin(RotZug[0,1],RotZug[0,2],RotZug[0,3]);
    D3PktEin(RotZug[n+1,1],RotZug[n+1,2],RotZug[n+1,3]);

    (* Polygone eingeben *)
    for j:=0 to m-1 do
      for i:=1 to n-1 do begin
        a:=i+n*j;
        b:=i+n*((j+1) mod m);
        c:=b+1;
        d:=a+1;
        ein(a,b,c,d,0,4,i+1,0);
      end;
    k:=1;
    while (k<=(m-1)*n+1) do begin
      l:=(k+n) mod (m*n);
      ein(k,m*n+1,l,0,0,3,1,0);
      ein(k+n-1,l+n-1,m*n+2,0,0,3,n+2,0);
      k:=k+n;
    end;

  end; (* von Rot1 *)
```

Das Programm RotKoerp benutzt diese Prozedur zur Erzeugung und Darstellung von Rotationskörpern durch Eingabe des Polygonzuges. Man kann damit allerlei Vasen, Gläser, Pokale etc. entwerfen. Der Kreativität und dem schlechten Geschmack sind dabei nur durch die Konstante MaxRot Grenzen gesetzt. Figur 51 gibt hiervon einige Kostproben.

```
  program RotKoerp;

  (**********************************************************************)
  (* Zeichnet Rotationskörper                                           *)
  (* Rotierendes Polygon frei wählbar                                   *)
  (* Entwurf von Vasen, Gläsern etc.                                    *)
  (**********************************************************************)
```

```
(**************** Einbindung der Graphikansteuerung *****************)
(* Hier z.B. Includefiles der TURBO GRAPHIX TOOLBOX:                *)
(********************************************************************)

(************ Einbindung der Programme aus diesem Buch **************)
(* $I d2pak2.pas                                                    *)
(* $I d3pak1.pas                                                    *)
(* $I d3pak2.pas                                                    *)
(* $I rot1.pas                                                      *)
(********************************************************************)


var RotZug:RotZugTyp;
    alpha,phi,theta:real;
    ch:char;
    n,i:integer;


BEGIN (* Hauptprogramm *)

   InitGraphic; LeaveGraphic; (* TURBO GRAPHIX *)

   ch:='j';

   while (ch<>'n') do begin

      ClrScr;
      writeln('Rotationskörper (Rotation eines Polygonzuges um die z-Achse)');
      writeln;
      writeln('Darstellung des Bildes mit RETURN beenden.');
      writeln;

      (* Rotationkörper erzeugen *)
      writeln('Polygonzug in der x,z-Ebene rechts von der z-Achse.');
      writeln('Ecken im Uhrzeigersinn eingeben.')
      writeln('Erste und letzte Ecke müssen auf der z-Achse liegen.');
      write('Eckenzahl (4...16): '); readln(n); n:=n-2;
      ClrScr;
      for i:=0 to n+1 do begin
         write('Ecke ',i+1:2,'   x-Koordinate: '); readln(RotZug[i,1]);
         RotZug[i,2]:=0;
         write('          z-Koordinate: '); readln(RotZug[i,3]);
         writeln;
      end;
      writeln; writeln; write('Rotationswinkel: '); readln(alpha);
      D3Loesch; Rot1(RotZug,n,alpha);

      (* Rotationskörper zeichnen *)
      while (ch<>'n') do begin

         ClrScr;
         writeln; writeln('Projektionsrichtung:');
         write('Winkel phi mit x-Achse: '); readln(phi);
         write('Winkel theta mit z-Achse: '); readln(theta); writeln;
```

```
        write('Verdeckte Linien (nicht=n, voll=v, halb=h) :  '); readln(ch);

        EnterGraphic; (* TURBO GRAPHIX *)
        ClearScreen; (* TURBO GRAPHIX *)
        D2Loesch; OrthProj(phi,theta);
        StandardFensterBild;
        Rahmen(0);

        if (ch='v') then HiddenLine
        else begin
           if (ch='h') then SichtTest(-1) else FarbReset;
           ZeichneBild;
        end;

        readln(ch);
        LeaveGraphic; (* TURBO GRAPHIX *)

        write('Noch ein Bild des Körpers (j/n): '); readln(ch);

        if (ch='n') then begin
           writeln; write('Noch ein Körper aus gleichem Polygonzug (j/n): ');
           readln(ch);
           if (ch<>'n') then begin
              writeln; write('Rotationswinkel: '); readln(alpha);
              D3Loesch; Rot1(RotZug,n,alpha);
           end;
        end;

     end;

     writeln; write('Neuen Körper definieren (j/n): '); readln(ch);

  end;

END.
```

Nach dem gleichen Verfahren arbeitet die Prozedur rot2, die durch Rotation eines geschlossenen Polygonzugs einen Torus (=Reifen) erzeugt. Figur 52 zeigt ein Beispiel. Die Prozedur rot2 unterscheidet sich von rot1 nur bei der Eingabe der Ecken (keine Sonderbehandlung für die Enden des Polygonzugs) und der Polygone (keine Dreiecke). Wir geben deshalb nur diesen Teil von rot2 an. Bei rot2 ist n und nicht n+2 die Anzahl der Ecken von RotZug.

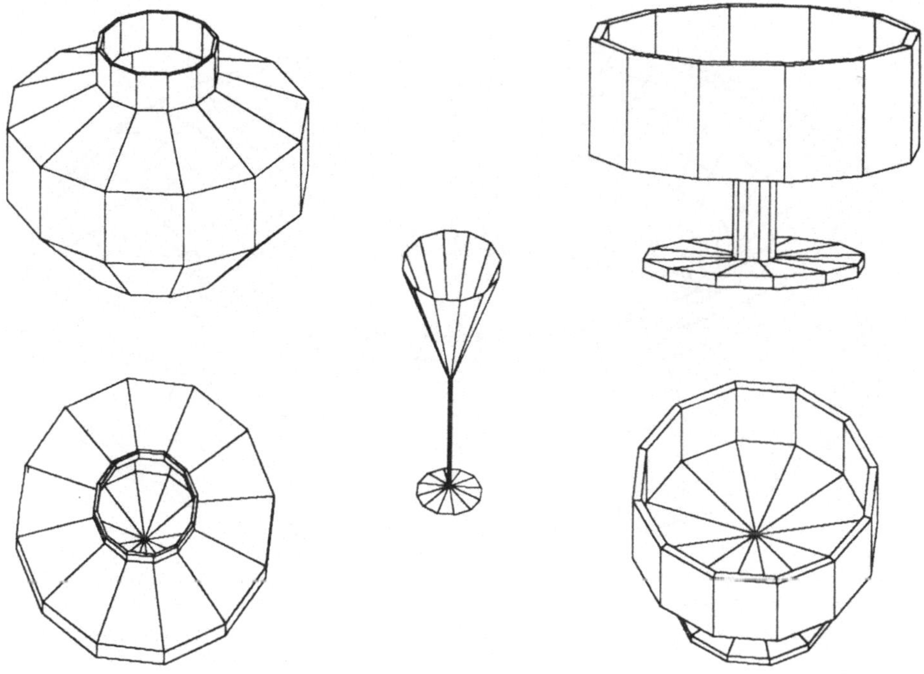

Figur 51

```
(* Teil-Listing von rot2 *)

   (* Eckenkoordinaten eingeben *)
   for j:=1 to m do
      for i:=1 to n do begin
         D3PktEin(RotZug[i,1],RotZug[i,2],RotZug[i,3]);
         MatVekt(Matrix,RotZug[i],RotZug[i]);
      end;

   (* Polygone eingeben *)
   for j:=0 to m-1 do
      for i:=1 to n do begin
         a:=i+n*j;
         b:=i+n*((j+1) mod m);
         c:=(i mod n)+1+n*((j+1) mod m);
         d:=(i mod n)+1+n*j;
         ein(a,b,c,d,0,4,i,0);
      end;
```

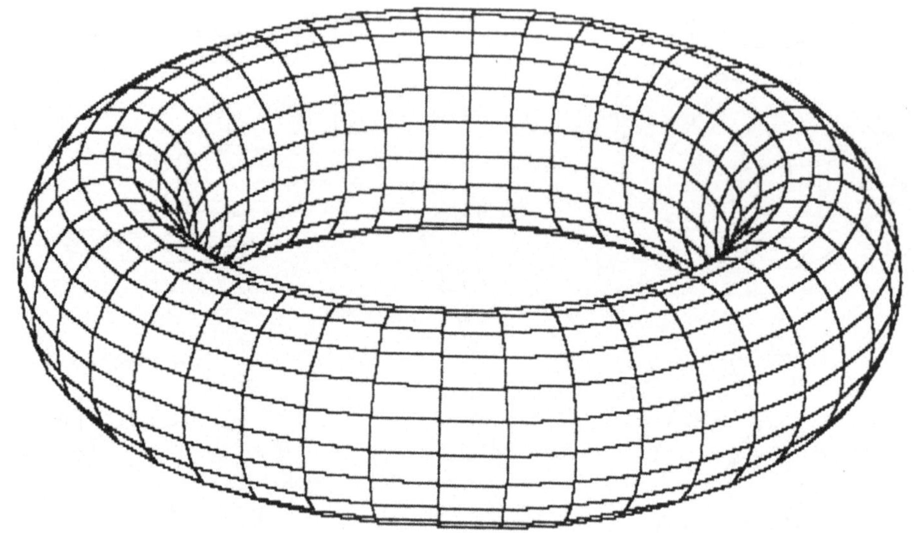

Figur 52

```
procedure QuerSchnitt(var RotZug:RotZugTyp; v:integer; r,mx:real);

(* Erzeugt reguläres Polygon als Eingabe für Prozedur Rot2 *)
(* v  = Eckenzahl *)
(* r  = Radius *)
(* mx = x-Wert des Mittelpunkts *)

var i:integer;
    alpha:real;

begin

   alpha:=Bogen(360/v);

   for i:=1 to v do begin
      RotZug[i,1]:=r*cos(-i*alpha)+mx;
      RotZug[i,2]:=0;
      RotZug[i,3]:=r*sin(-i*alpha);
   end;

end; (* von Querschnitt *)
```

Die Prozedur QuerSchnitt liefert ein regelmäßiges Polygon als Ausgangspunkt für die Konstruktion des Torus'. Wenn Ihnen Tori mit regelmäßigem Querschnitt zu langweilig werden, schreiben Sie sich stattdessen eine Prozedur, die einen unregelmäßigen Querschnitt erzeugt.

Ähnlich wie bei den Prozeduren des vorigen Abschnitts können Sie noch weitere Parameter einführen, die z.B. die Lage des Rotationskörpers im Raum durch Drehungen oder Translationen verändern. Auf diese Weise haben wir das Titelbild gemacht. Die Prozedur rot2 wird zusammen mit der Prozedur QuerSchnitt im Programm rob1 im Abschnitt 6.2 eingesetzt.

5.3 Häuser

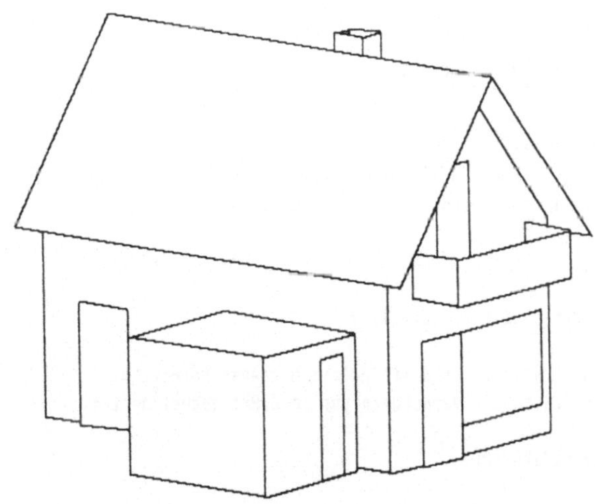

Figur 53

Im vierten Kapitel war schon das (architektonisch nicht allzu gelungene) Haus zu sehen, das von der folgenden Prozedur haus1 erzeugt wird. Figur 25 in Kapitel 4 zeigt seinen Grundriß. Durch die Parameter t1, t2, t3 und alpha kann man es verschieben und drehen. Zur Erzeugung des Hauses ist nicht allzu viel zu sagen. Die Fenster werden durch Polygone realisiert, die in sehr kleinem Abstand außen vor der Hauswand "schweben". Die Zuordnung der Polytopnummern zu den einzelnen Polygonen dient der beschleunigten Unterdrückung der verdeckten Linien bei der Darstellung des Hauses und wird im nächsten Kapitel erläutert.

```
procedure Haus(t1,t2,t3:integer; alpha:real);

(* Erzeugt ein Haus mit Garage, Balkon etc. *)

var PNr,pz,i,x:integer;
    M:MatTyp;


  procedure DrehMat(alpha:real; var M:MatTyp);

  (* Erzeugt die Drehmatrix *)

  var i,j:integer;

  begin
     alpha:=bogen(alpha);
     for i:=1 to 3 do
        for j:=1 to 3 do M[i,j]:=0;
     M[3,3]:=1;
     M[1,1]:=cos(alpha); M[1,2]:=-sin(alpha);
     M[2,1]:=sin(alpha); M[2,2]:=cos(alpha);
  end;


  procedure PuEin(a,b,c:real);

  (* Punkt (a,b,c) wird mit Matrix M transformiert, *)
  (* um (t1,t2,t3) verschoben und in D2Pkt gespeichert *)

  var v,w:VektTyp;

  begin
     v[1]:=a; v[2]:=b; v[3]:=c;
     MatVekt(M,v,w);
     a:=w[1]+t1; b:=w[2]+t2; c:=w[3]+t3;
     D3PktEin(a,b,c);
  end;


begin

  DrehMat(alpha,M);
  pz:=D3PktZahl; PNr:=PolytopNr;
```

```
(* Hauswände *)

PuEin(100,0,0); PuEin(0,0,0); PuEin(0,180,0); PuEin(100,180,0);
PuEin(100,0,70); PuEin(0,0,70); PuEin(0,180,70); PuEin(100,180,70);
PuEin(50,0,120); PuEin(50,180,120);

ein(1,2,6,9,5,5,PNr+1,pz); ein(1,5,8,4,0,4,PNr+1,pz);
ein(4,8,10,7,3,5,PNr+1,pz); ein(2,3,7,6,0,4,PNr+1,pz);

(* Dach *)

PuEin(110,-5,63); PuEin(50,-5,123); PuEin(50,195,123);
PuEin(110,195,63); PuEin(-10,195,63); PuEin(-10,-5,63);

ein(11,12,13,14,0,4,0,pz); ein(16,15,13,12,0,4,0,pz);

(* Garage *)

PuEin(101,95,0); PuEin(160,95,0); PuEin(160,165,0); PuEin(101,165,0);
PuEin(101,95,45); PuEin(160,95,45); PuEin(160,165,45); PuEin(101,165,45);

ein(24,23,22,21,0,4,PNr+2,pz); ein(17,21,22,18,0,4,PNr+2,pz);
ein(18,22,23,19,0,4,PNr+2,pz); ein(24,20,19,23,0,4,PNr+2,pz);

(* Fenster und Türen *)

PuEin(101,20,0); PuEin(101,20,40); PuEin(101,45,40); PuEin(101,45,0);
PuEin(101,60,20); PuEin(101,60,35); PuEin(101,75,35); PuEin(101,75,20);
PuEin(55,181,0); PuEin(80,181,0); PuEin(80,181,40); PuEin(55,181,40);
PuEin(5,181,10); PuEin(55,181,10); PuEin(55,181,40); PuEin(5,181,40);
PuEin(-1,125,15); PuEin(-1,160,15); PuEin(-1,160,40); PuEin(-1,125,40);
PuEin(-1,65,15); PuEin(-1,90,15); PuEin(-1,90,40); PuEin(-1,65,40);
PuEin(-1,20,15); PuEin(-1,45,15); PuEin(-1,45,40); PuEin(-1, 20,40);
PuEin(20,-1,15); PuEin(20,-1,40); PuEin(40,-1,40); PuEin(40,-1,15);
PuEin(60,-1,15); PuEin(60,-1,40); PuEin(80,-1,40); PuEin(80,-1,15);
PuEin(40,-1,70); PuEin(40,-1,85); PuEin(60,-1,85); PuEin(60,-1,70);
PuEin(105,94,0); PuEin(105,94,40); PuEin(155,94,40); PuEin(155,94,0);
PuEin(110,166,0); PuEin(125,166,0); PuEin(125,166,40); PuEin(110,166,40);
PuEin(70,181,55); PuEin(70,181,95); PuEin(50,181,95); PuEin(50,181,55);

for i:=1 to 13 do begin
   x:=4*i+21; ein(x,x+1,x+2,x+3,0,4,1000,pz);
end;

(* Balkon *)

PuEin(15,181,55); PuEin(85,181,55); PuEin(85,205,55); PuEin(15,205,55);
PuEin(15,181,70); PuEin(85,181,70); PuEin(85,205,70); PuEin(15,205,70);
```

```
    ein(77,78,79,80,0,4,0,pz); ein(77,81,84,80,0,4,0,pz);
    ein(79,83,84,80,0,4,0,pz); ein(78,79,83,82,0,4,0,pz);

    (* Schornstein *)

    PuEin(30,105,103); PuEin(30,120,103); PuEin(40,120,113); PuEin(40,105,113);
    PuEin(30,105,127); PuEin(30,120,127); PuEin(40,120,127); PuEin(40,105,127);

    ein(85,88,92,89,0,4,0,pz); ein(85,86,90,89,0,4,0,pz);
    ein(86,90,91,87,0,4,0,pz); ein(88,87,91,92,0,4,0,pz);

end; (* von Haus *)
```

5.4 Funktionsgraphen

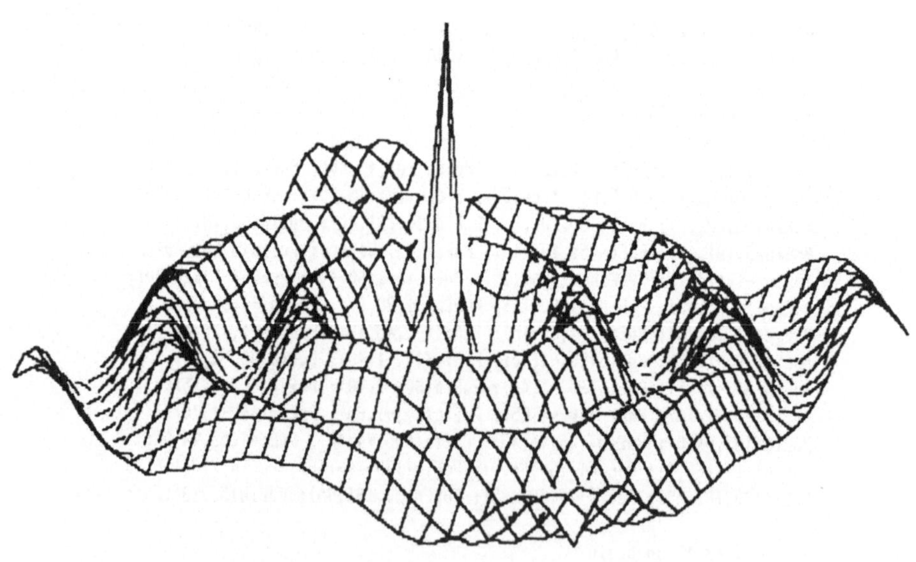

Figur 54

Eine Funktion f in einer Variablen x kann man bekanntlich in einem x,y-Koordinatensystem durch eine Kurve über der x-Achse, den Funktionsgraphen, graphisch darstellen. Der Funktionsgraph besteht aus den Punkten (x,f(x)). Z.B. hat $f(x) = x^2$ die

Normalparabel als Funktionsgraphen. Die 2D-Graphik aus dem zweiten Kapitel kann man für solche Darstellungen einsetzen. Dazu unterteilt man den Bereich, in dem man die Funktion darstellen möchte durch Punkte $x_1,...,x_n$ und stellt den Funktionsgraphen angenähert durch den Polygonzug aus den Kanten $[(x_i,f(x_i)), (x_{i+1},f(x_{i+1}))]$ dar.

Der Funktionsgraph einer Funktion f in zwei Variablen x und y läßt sich in einem x,y,z-Koordinatensystem als eine Fläche über der x,y-Ebene darstellen. Er besteht aus den Punkten (x,y,f(x,y)). Figur 54 zeigt den Graphen der Funktion, die durch $f(x,y) = 200 \cos(\sqrt{x^2+y^2}/10) / (\sqrt{x^2+y^2} + 1)$ gegeben ist.

Der Funktionsgraph (über einem rechteckigen Bereich in der x,y-Ebene) wird in unserer 3D-Graphik angenähert durch ein Netz aus Vierecken dargestellt. Das Netz aus m-1 Vierecken in x-Richtung und n-1 Vierecken in y-Richtung wird durch die Prozedur Netz erzeugt.

```
procedure Netz(n,m:integer);

(* Legt ein nxm-Netz aus Vierecken an *)

var i,j,a,b,c,d:integer;

begin

   for i:=1 to n-1 do
      for j:=1 to m-1 do begin
         a:=(i-1)*m+j; b:=a+1; c:=b+m; d:=a+m;
         ein(a,b,c,d,0,4,0,0);
      end;

end; (* von Netz *)
```

Die Prozedur FunktWert liest dann die Funktionswerte an den Netzknoten ein.

```
procedure FunktWert(n,m:integer; xanf,xend,yanf,yend:real);

(* Liest Funktionswerte der Funktion f an Netzknoten in D3-Struktur ein *)
(* m Knoten in x-Richtung, n Knoten in y-Richtung *)
(* xanf, xend, yanf, yend bestimmen (rechteckigen) Definitionsbereich *)

var i,j:integer;
    x,y,xink,yink:real;

begin

   xink:=(xend-xanf)/m; yink:=(yanf-yend)/n;
   x:=xanf; y:=yend;

   for i:=1 to n do begin
      for j:=1 to m do begin
         D3PktEin(x,y,f(x,y));
         x:=x+xink;
      end;
      x:=xanf;
      y:=y+yink;
   end;

end; (* von FunktWert *)
```

Die Funktion f ist gegeben durch:

```
function f(x,y:real):real;

(* Beispielfunktion *)

var r:real;

begin
   r:=sqrt(x*x+y*y+0.1);
   f:=200*cos(r/10)/(r+1);
end; (* von f *)
```

Die Addition von 0.1 unter der Wurzel verhindert, daß das Programm bei x=y=0 versucht, die Wurzel einer negativen Zahl zu ziehen (Rundungsfehler).

Diese Darstellung von Funktionsgraphen hat allerdings einen entscheidenden Fehler. Unser Graphiksystem nimmt an, daß die vier Ecken eines Vierecks in einer Ebene liegen. Bei vier beliebigen

Punkten im Raum, also auch bei vier Punkten auf einem Funktionsgraphen, ist dies jedoch im allgemeinen nicht der Fall. (Ein Tisch mit vier Beinen wackelt fast immer.) Wählt man das Netz hinreichend dicht, so daß die Vierecke recht klein werden, fällt dieser Fehler nicht allzu stark ins Gewicht. Dennoch sieht man bei genauer Betrachtung von Figur 54 an stark gekrümmten Stellen des Funktionsgraphen kleine Fehler bei der Unterdrückung der verdeckten Linien. Unser Graphiksystem ist also zur Darstellung von Funktionsgraphen nur bedingt geeignet. Im Abschnitt 6.4 skizzieren wir ein Verfahren, das dieser speziellen Situation besser angepaßt ist.

6. Verdeckte Linien

In den Bildern der letzten beiden Kapitel haben wir die rückwärtigen Bildteile, die man etwa bei der Betrachtung eines massiven Hauses nicht sieht, auch nicht mitgezeichnet. Eine solche Bereinigung des Bildes ist offenbar auch dringend notwendig. Darstellungen komplexerer Objekte ohne Unterdrückung der verdeckten Linien sind meist nur ein Liniengewirr, aus dem man das dargestellte Objekt allenfalls noch erraten kann. Beispiele hierfür sind etwa die Figuren 3, 27 und 28 und die folgende Version des Titelbilds:

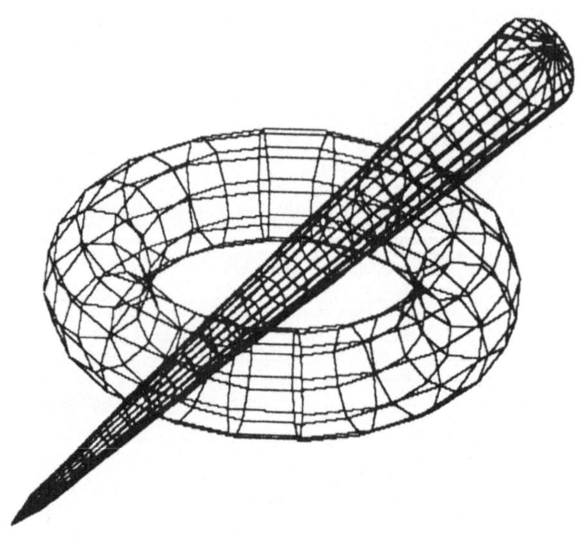

Figur 55

Das Problem, zu erkennen, welche Teile eines Bildes verdeckt sind, also nicht mitgezeichnet werden müssen, löst sich beim natürlichen Sehen ganz von selbst, für den Computer ist es jedoch ausgesprochen schwierig. Dieses sogenannte "hidden-line-problem" ist eines der zentralen Probleme der Computergraphik. In diesem Kapitel behandeln wir verschiedene Verfahren zu seiner Lösung. Bei konvexen Polytopen läßt sich das Problem der verdeckten Linien sehr einfach lösen (Abschnitt 6.1). In praktischen

Anwendungen möchte man aber natürlich nicht nur Polytope darstellen. Dies erfordert kompliziertere Algorithmen zur Unterdrückung der verdeckten Linien. Zwei sehr unterschiedliche Verfahren hierfür stellen wir in den Abschnitten 6.2 und 6.3 vor. Im Abschnitt 6.4 geben wir einen Ausblick auf weitere Verfahren zur Lösung des hidden-line-problems.

6.1 Verdeckte Linien bei konvexen Polytopen

Bei einem konvexen Polytop ist es sehr einfach, zu entscheiden, welche Kanten sichtbar sind und welche nicht. Dies liegt an folgendem Prinzip:

> Eine Seitenfläche eines konvexen Polytops sieht man entweder vollständig, oder gar nicht.

Indem man einen Würfel von verschiedenen Seiten betrachtet, überzeugt man sich sofort davon, daß das Prinzip für dieses Beispiel gilt. Die Begründung für den allgemeinen Fall ergibt sich aus der Definition des Polytops als Durchschnitt von Halbräumen (Abschnitt 3.1):

Eine Seitenfläche F eines Polytops bestimmt eine Ebene H des Raumes, und das Polytop liegt ganz in einem der beiden Halbräume, in die H den Raum teilt. Anschaulich gesprochen, kann man das Polytop auf einen Tisch legen. Es liegt dabei mit der Seitenfläche F auf der Tischplatte H und befindet sich ganz oberhalb der Tischplatte. Betrachtet man das Polytop nun von einem Punkt unterhalb des Tisches aus (Glastisch!), so sieht man die Seitenfläche F vollständig, denn unterhalb des Tisches befindet sich ja kein Teil des Polytops, das einem die Sicht versperren könnte. Betrachtet man das Polytop dagegen von einem Punkt oberhalb der Tischplatte aus, so sieht man die Fläche F, mit der das Polytop auf dem Tisch aufliegt, natürlich nicht.

Das Problem der verdeckten Linien läßt sich damit für ein Polytop nach folgendem Verfahren lösen:

1. Bestimmung aller Seiten, die (aus der gewählten Blickrichtung) sichtbar sind.

2. Zeichnen aller Kanten, die in mindestens einer sichtbaren Seite liegen.

Nach unseren obigen Überlegungen und dem, was wir in Abschnitt 3.1 über Halbräume gesagt haben, können wir die Sichtbarkeit einer Seitenfläche eines Polytops nach folgendem Kriterium bestimmen:

> Ist F eine Seitenfläche eines Polytops P und **n** ein äußerer Normalenvektor von F (d.h. **n** steht senkrecht auf F und zeigt nach außen) und **p** ein Vektor mit Fußpunkt auf F, der in Projektionsrichtung zeigt, so ist F genau dann sichtbar, wenn **n** und **p** einen spitzen Winkel α einschließen.

In Abschnitt 3.1 hatten wir den Winkel α aus dem Skalarprodukt der Vektoren **n** und **p** berechnet:

$$\cos \alpha = \frac{\langle \mathbf{n},\mathbf{p} \rangle}{|\mathbf{n}| * |\mathbf{p}|}$$

Da wir nur daran interessiert sind, ob α ein spitzer Winkel ist oder nicht, reicht es aus, das Vorzeichen von $\cos \alpha$ zu kennen. α ist genau dann ein spitzer Winkel, wenn $\cos \alpha$ positiv ist. Nach der obigen Formel ist dies genau dann der Fall, wenn $\langle \mathbf{n},\mathbf{p} \rangle$ positiv ist ($|\mathbf{n}|$ und $|\mathbf{p}|$ sind positive Zahlen):

> Die Seite F ist genau dann sichtbar, wenn $\langle \mathbf{n},\mathbf{p} \rangle$ positiv ist.

Im vierten Kapitel haben wir alle Projektionen auf den Fall einer Orthogonalprojektion auf die x,y-Ebene zurückgeführt, indem wir die Koordinaten jeweils vom Welt- ins Bildkoordinatensystem transformiert haben. Im Bildkoordinatensystem muß man dann nur noch die Orthogonalprojektion auf die x,y-Ebene ausführen, um die endgültige Bildschirmdarstellung zu erhalten (vgl. S. 84, 89, 95). Der Projektionsvektor **p** dieser Orthogonalprojektion ist

p=(0,0,1). Berechnet man den äußeren Normalenvektor **n**=(n_1,n_2,n_3) einer Seitenfläche im Bildkoordinatensystem, so ist ⟨**n**,**p**⟩ = n_3. Damit können wir die Lösung des Problems der verdeckten Linien für ein konvexes Polytop weiter verfeinern:

0. Transformation des Polytops vom Welt- ins Bildkoordinatensystem.

1. Berechnung des äußeren Normalenvektors **n** für jede Seitenfläche F (im Bildkoordinatensystem). F ist genau dann sichtbar, wenn die letzte Koordinate von **n** positiv ist.

2. Zeichnung aller Kanten, die in mindestens einer sichtbaren Seitenfläche liegen.

An dieser Stelle wird klar, warum es vorteilhaft ist, Projektionen nicht "in einem Zug" durchzuführen, sondern über die Zwischenstufe des Bildkoordinatensystems: Man muß dann nicht für jede Projektion einen eigenen Sichtbarkeitstest entwickeln (und programmieren), sondern kann sich bei den Sichtbarkeitsuntersuchungen auf den einfachen Fall der Orthogonalprojektion auf die x,y-Ebene beschränken. Dies berücksichtigen wir in unseren Programmen, indem wir in den Projektionsprozeduren jeweils vom Weltkoordinatensystem (gespeichert im Feld D3Pkt) ins Bildkoordinatensystem (gespeichert im Feld D2Pkt) transformieren und anschließend die Sichtbarkeitstests mit den Bildkoordinaten aus D2Pkt durchführen.

Als letzte Verfeinerungsstufe des Sichtbarkeitstests für konvexe Polytope müssen wir noch ein Verfahren zur Berechnung des äußeren Normalenvektors **n** einer Seitenfläche F angeben. Hierzu können wir das in Abschnitt 3.1 eingeführte Vektorprodukt verwenden. Es seien **a**,**b**,**c** drei Ecken, die im Rand von F zyklisch aufeinanderfolgen. Ist F im Feld Pol als Pol[i] gespeichert, so sind etwa D2Pkt[Pol[i].Ecke[j]], j=1,2,3 , drei solche Ecken (vgl. Abschnitt 3.2). Dann ist **n** = (**a**-**b**) x (**c**-**b**) ein Normalenvektor von F. Damit **n** auch ein <u>äußerer</u> Normalenvektor des Polytops ist, müssen die Ecken **a**,**b**,**c** im Uhrzeigersinn aufeinanderfolgen (wenn man das Polytop von außen betrachtet). Sind **a**,**b**,**c** entgegen dem Uhrzeigersinn aufgelistet, so ist **n** entgegengesetzt gerichtet, also ein innerer Normalenvektor. Der Sichtbarkeitstest mit diesem **n** hätte genau das falsche Ergebnis: Die Seite F erschiene als sichtbar, wenn man sie in Wirklichkeit nicht sehen könnte. Für die Speicherung der Ecken von F im Feld Pol formulieren wir deshalb die folgende Regel:

> Ist die Seitenfläche F eines Polytops P in Pol[i] gespeichert, so werden die Ecken von F im Feld Pol[i].Ecke in zyklischer Reihenfolge im Uhrzeigersinn (P von außen betrachtet) angegeben.

Diese Regel haben wir in den Prozeduren im Abschnitt 5.1 bereits beachtet.

Die folgende Prozedur SichtTest führt den Sichtbarkeitstest aus. Sie gibt die Sichtbarkeit des Polygons Pol[i] in der Variablen Pol[i].Farbe aus: Ist das Polygon nicht sichtbar, erhält diese Variable den Wert verdeckt, sonst den Wert Pol[i].GrundFarbe. In unseren Programmen setzen wir für den Parameter verdeckt stets den Wert -1 in den Prozeduraufruf von SichtTest ein und verwenden für GrundFarbe den Standardwert 0 (vgl. Prozedur ein in Abschnitt 3.2). Auf diese Konvention ist auch die Prozedur ZeichneBild aus Abschnitt 3.2 zugeschnitten. Sie zeichnet, nachdem die Prozedur SichtTest gelaufen ist, nur noch die sichtbaren Teile eines Polytops. Indem man für den Parameter verdeckt andere Werte wählt, kann man erreichen, daß die verdeckten Kanten des Polytops nicht einfach nur weggelassen, sondern in einer anderen Farbe (z.B. gestrichelt) gezeichnet werden.

In den nächsten Abschnitten entwickeln wir erweiterte Sichtbarkeitstests für Szenen aus mehreren Polytopen, die wir mit 1,2,3,... durchnumerieren. Die Zuordnung einer in Pol[i] gespeicherten Seitenfläche zu einem Polytop erfolgt dann durch die Variable Pol[i].PolNr. Für die folgende Prozedur ist nur die Sonderstellung von PolNr = 0 wichtig. Hiermit kennzeichnen wir die Polygone, die in keinem Polytop enthalten sind, also "frei im Raum schweben". Diese Polygone sind von beiden Seiten sichtbar, für sie darf also der untenstehende Sichtbarkeitstest nicht durchgeführt werden. Ein Beispiel für solche Polygone ist die Balkonbrüstung des Hauses aus Kapitel 4, die man ja auch von innen sehen kann (Figur 53). Ein anderes Beispiel ist der Funktionsgraph aus Abschnitt 5.4.

```
procedure SichtTest(verdeckt:integer); (* D3Pak1 *)

(* Testet, welche Seiten eines Polytops *)
(* bei Orthogonalprojektion auf die x,y-Ebene sichtbar sind *)
(* Bedingung für Sichtbarkeit: z-Komponente des äußeren Normalenvektors positiv
(* Prozedur wird nach den Prozeduren OrthProj bzw. ZentProj verwendet *)

var i,j:integer;
    v1,v2:VektTyp;
    e:array [1..3] of VektTyp;
    z:real;

begin

   for i:=1 to PolZahl do

      with Pol[i] do begin

         if (PolNr>0) then begin

            (* v1,v2 sind aufspannende Vektoren der Polygonebene *)
            for j:=1 to 3 do KonvPktVekt(D2Pkt[Ecke[j]],e[j]);
            VektDiff(e[1],e[2],v1); VektDiff(e[3],e[2],v2);

            (* z-Komponente des Normalenvektors (Vektorprodukt) *)
            z:=v1[1]*v2[2]-v1[2]*v2[1];

            (* Test auf Sichtbarkeit *)
            if z<0 then Farbe:=verdeckt else Farbe:=GrundFarbe;

         end;

      end;

end; (* von SichtTest *)
```

Die Anwendung der Prozedur SichtTest demonstrieren wir im nächsten Abschnitt zusammen mit anderen Sichtbarkeitstests im Programm rob1. In diesem Programm können Sie die Objekte aus

Kapitel 5 aus verschiedenen Blickrichtungen betrachten und dabei jeweils wählen, ob die verdeckten Linien gezeichnet werden sollen oder nicht. Wendet man dabei die Prozedur SichTest mehrmals auf verschiedene Ansichten des gleichen Objekts an, wird die Unterdrückung der verdeckten Linien korrekt gehandhabt. Will man jedoch zuerst eine Darstellung mit Unterdrückung der verdeckten Linien sehen und anschließend ein Drahtmodell, so muß die Farbe aller Polygone zunächst wieder auf den Wert GrundFarbe zurückgesetzt werden. Dies geschieht durch die Prozedur FarbReset. Mit dieser letzten Prozedur aus dem Paket D3Pak1 schließen wir diesen Abschnitt ab:

```
procedure FarbReset; (* D3Pak1 *)

(* Setzt die Farbe aller Polygone auf die Grundfarbe *)

var i:integer;

begin
   for i:=1 to PolZahl do pol[i].Farbe:=pol[i].GrundFarbe
end; (* von FarbReset *)
```

6.2 Das Verfahren von Roberts

Es gibt sehr schöne Polytope, etwa die platonischen Körper aus Abschnitt 5.1, und auch sehr teure (Brillanten). Dennoch möchte man natürlich nicht nur immer Polytope darstellen, sondern auch allgemeine Szenen aus dem "wirklichen Leben". Der einfache Sichtbarkeitstest aus dem vorigen Abschnitt funktioniert für solche komplexeren Objekte nicht mehr, wie Sie etwa an den Häusern aus Kapitel 4 oder den Pokalen in Figur 51 sofort sehen können: Die Kanten eines Polygons sind dort nicht immer vollständig verdeckt oder vollständig sichtbar, sondern es treten auch Kanten auf, die nur teilweise verdeckt sind.

In diesem Fall ist die Lösung des hidden-line-problems wesentlich schwieriger (d.h. vor allem rechenzeitaufwendiger!) als bei konvexen Polytopen. Einen Ansatz zur Lösung dieses Problems stellen wir Ihnen in diesem Abschnitt vor, weitere (sehr unterschiedliche) folgen in den nächsten Abschnitten.

Die Objekte, die wir in diesem Buch betrachten, sind aus (3-dimensionalen) Polytopen und (ebenen) Polygonen aufgebaut. Wir können deshalb den Sichtbarkeitstest aus dem vorigen Abschnitt jeweils als Vorstufe für weitergehende Sichtbarkeitsuntersuchungen verwenden: Kanten, die dabei als nicht sichtbar erkannt werden, müssen nicht weiter untersucht werden. Dies reduziert in vielen Fällen den Rechenzeitaufwand erheblich. Als einfaches Beispiel betrachten wir die beiden Würfel, die in Figur 56 als Drahtmodell dargestellt sind.

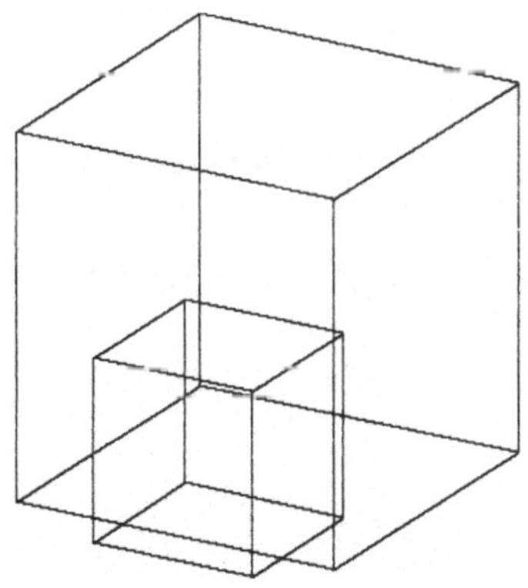

Figur 56

Der Sichtbarkeitstest aus Abschnitt 6.1 entfernt bei jedem Würfel alle Kanten, die bereits durch den Würfel selbst verdeckt sind, und führt zur Darstellung in Figur 57. Hierbei werden jedoch offenbar noch nicht alle verdeckten Linien unterdrückt. Es sind noch zwei Abschnitte von Kanten des großen Würfels zu sehen, die durch den (vorne liegenden) kleinen Würfel verdeckt sind. Um von Figur 57 zur endgültigen Darstellung der beiden Würfel in Figur 58 überzugehen, muß man also den Teil einer Strecke [**a**,**b**] (einer Kante des großen Würfels) berechnen können, der durch ein Polytop P (den kleinen Würfel) verdeckt wird.

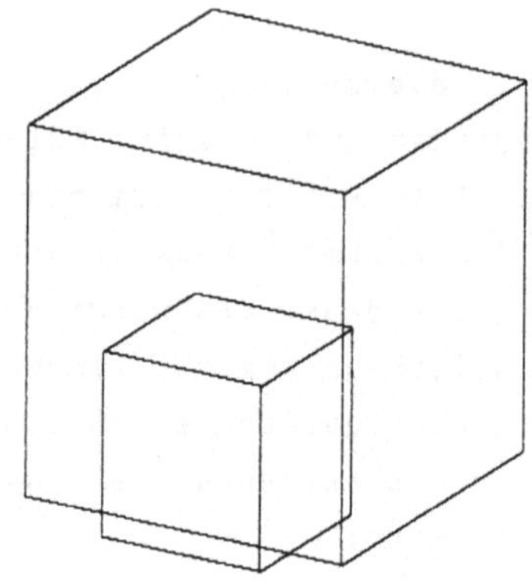

Figur 57

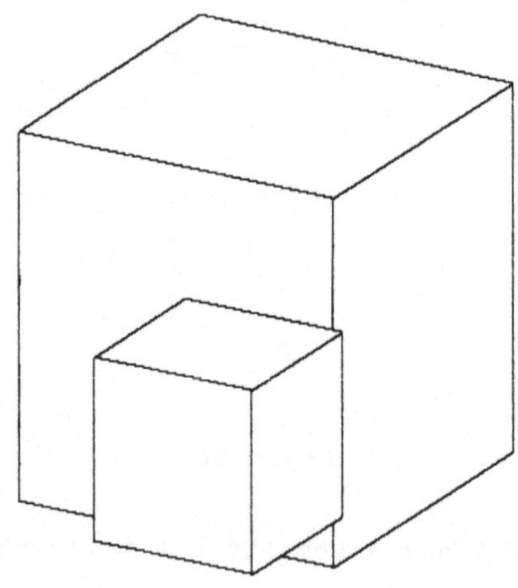

Figur 58

Ein solches Verfahren wurde 1963 von Roberts vorgeschlagen (vgl. [12]). Es führt die Fragestellung auf zwei lineare Optimierungsprobleme zurück, die man mit dem Simplexalgorithmus lösen kann (vgl. [3]). Bei der folgenden Variante dieses Vefahrens kommen wir jedoch ohne den Simplexalgorithmus aus und können die Optimierungsprobleme mit ganz elementaren Mitteln bearbeiten. Die

Programme zum Algorithmus von Roberts sind im Paket D3Pak2 zusammengestellt.

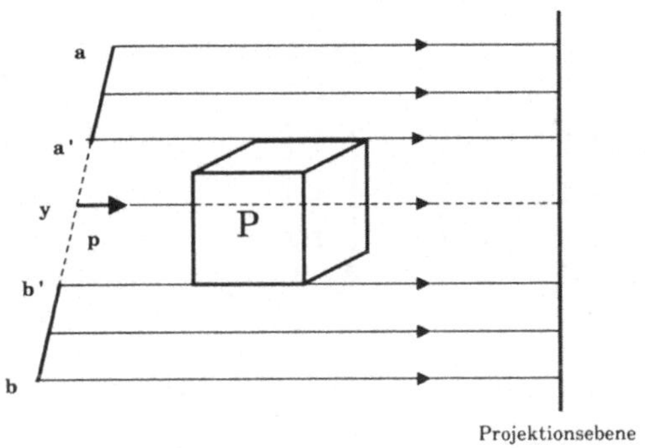

Figur 59

Figur 59 zeigt die Ausgangssituation: Eine Strecke [**a**,**b**] wird parallel auf eine Projektionsebene projiziert und dabei teilweise durch ein Polytop P verdeckt. Ein Punkt **y** der Strecke wird genau dann von P verdeckt, wenn der Projektionsstrahl, der von **y** ausgeht, das Polytop P trifft. Diesen Sachverhalt wollen wir nun algebraisch ausdrücken.

P ist als Durchschnitt von Halbräumen durch ein lineares Ungleichungssystemen gegeben, besteht also aus allen Punkten $\mathbf{x}=(x_1,x_2,x_3)$ des Raumes, die die Matrixungleichung $\mathbf{Ax} \leq \mathbf{r}$ erfüllen. **A** ist eine mx3-Matrix, also eine Matrix mit m Zeilen und 3 Spalten, und **r** ist ein Vektor mit m Koordinaten. (Diese Verallgemeinerung der 3x3-Matrizen und Vektoren aus Abschnitt 3.1 erhält man durch Anhängen weiterer Zeilen bzw. Koordinaten. Das Produkt von **A** und **x** ist, wie im Spezialfall m=3, der Vektor **Ax**, dessen m Koordinaten man als Skalarprodukte von **x** mit den m Zeilenvektoren von **A** erhält.)

Hat P die m Seitenflächen $F_1,...F_m$, so erhält man **A** und **r** folgendermaßen (Normalendarstellung von Ebenen und Halbräumen, Abschnitt 3.1): Die Zeilen $\mathbf{a}_1,...\mathbf{a}_m$ von **A** sind äußere Normalenvektoren von $F_1,...F_m$. Die Koordinaten von **r** sind die Skalarprodukte $\langle \mathbf{a}_1,\mathbf{e}_1\rangle,\ldots,\langle \mathbf{a}_m,\mathbf{e}_m\rangle$, wobei $\mathbf{e}_i$ eine beliebige Ecke von F_i ist. Für den Würfel aus Abschnitt 3.1 erhält man auf diese Weise:

$$\begin{pmatrix} -1 & 0 & 0 \\ 0 & -1 & 0 \\ 0 & 0 & -1 \\ 1 & 0 & 0 \\ 0 & 1 & 0 \\ 0 & 0 & 1 \end{pmatrix} \begin{pmatrix} x_1 \\ x_2 \\ x_3 \end{pmatrix} \leq \begin{pmatrix} 0 \\ 0 \\ 0 \\ 1 \\ 1 \\ 1 \end{pmatrix} .$$

Der Streckenpunkt $\mathbf{y}$ hat die Parameterdarstellung

$$\mathbf{y} = s\mathbf{a} + (1-s)\mathbf{b} \quad \text{mit} \quad 0 \leq s \leq 1 .$$

Ist $\mathbf{p}$ ein Vektor, der von $\mathbf{y}$ in Projektionsrichtung auf die Projektionsebene zeigt (Figur 59), so haben die Punkte des Projektionsstrahls die Parameterdarstellung

$$\mathbf{y} + t\mathbf{p} \quad \text{mit} \quad t \geq 0 .$$

Punkte $\mathbf{y}$ von $[\mathbf{a},\mathbf{b}]$, die durch P verdeckt sind, sind also durch Parameterwerte s und t mit $0\leq s\leq 1$ und $t\geq 0$ gegeben, die das Ungleichungssystem

$$\mathbf{A}(s\mathbf{a} + (1-s)\mathbf{b} + t\mathbf{p}) \leq \mathbf{r}$$

erfüllen. Die Größen $\mathbf{A}$, $\mathbf{r}$, $\mathbf{a}$, $\mathbf{b}$ und $\mathbf{p}$ sind durch das Polytop P, die Strecke $[\mathbf{a},\mathbf{b}]$ und die Projektionsrichtung gegeben. Die Variablen des Ungleichungssystems sind s und t. Wir fassen die Terme, die s und t enthalten, auf der linken Seite und die übrigen Terme auf der rechten Seite zusammen. (Ähnlich wie auf S. 19 können wir auch hier wieder Rechenregeln, die den Regeln für gewöhnliche Zahlen entsprechen, auf die gemischte Rechnung aus Matrizen, Vektoren und Zahlen anwenden.)

$$s\mathbf{A}(\mathbf{a} - \mathbf{b}) + t\mathbf{A}\mathbf{p} \leq \mathbf{r} - \mathbf{A}\mathbf{b}$$

A(**a** - **b**), **Ap** und **r** - **Ab** sind Vektoren mit m Koordinaten. Wir können **A**(**a** - **b**) und **Ap** als Spalten einer mx2-Matrix (einer Matrix mit m Zeilen und 2 Spalten) schreiben und damit das Ungleichungssystem in ähnlicher Weise ausdrücken, wie oben das Ungleichungssystem für P. Dabei ist **x**=(s,t) der (als Spaltenvektor geschriebene) Variablenvektor.

$$(\mathbf{A}(\mathbf{a} - \mathbf{b}) \quad \mathbf{Ap}) \, \mathbf{x} \leq \mathbf{r} - \mathbf{Ab}$$

Die drei Ungleichungen $0 \leq s \leq 1$ und $t \geq 0$ können wir auch noch in diese Matrixungleichung aufnehmen, indem wir der Matrix noch drei Zeilen und dem Vektor auf der rechten Seite noch drei Koordinaten anhängen:

$$\begin{pmatrix} \mathbf{A}(\mathbf{a} - \mathbf{b}) & \mathbf{Ap} \\ -1 & 0 \\ 1 & 0 \\ 0 & -1 \end{pmatrix} \mathbf{x} \leq \begin{pmatrix} \mathbf{r} - \mathbf{Ab} \\ 0 \\ 1 \\ 0 \end{pmatrix}$$

Als Beispiel betrachten wir wieder den Würfel aus Abschnitt 3.1, für den wir **A** und **r** bereits oben aufgestellt haben, und untersuchen, welcher Teil der Strecke [**a**,**b**] mit **a**=(0,-2,-4) und **b**=(1,2,-3) durch diesen Würfel verdeckt wird. Als Blickrichtung wählen wir **p**=(0,0,1), also die Standardblickrichtung, mit der wir vom Bildkoordinatensystem zur Bildschirmdarstellung übergehen. Wir erhalten das folgende Ungleichungssystem (nächste Seite), mit dem wir entscheiden können, ob ein Punkt der Strecke [**a**,**b**] vom Würfel verdeckt wird oder nicht. Der Endpunkt **a** der Strecke hat den Parameterwert s=1. Setzt man diesen Wert in das Ungleichungssystem ein, so liefert die zweite Ungleichung stets den Widerspruch $4 \leq 2$, unabhängig davon, welchen Wert man für t einsetzt. Es gibt also kein t, für das (1,t) das Ungleichungssystem erfüllt, d.h. **a** wird nicht vom Würfel verdeckt. Auf die gleiche Weise erkennt man, daß der Endpunkt **b** (Parameterwert s=0) ebenfalls sichtbar ist. Die fünfte Ungleichung liefert hier den Widerspruch $0 \leq -1$. Der Mittelpunkt der Strecke (Parameterwert s=0.5) wird dagegen verdeckt, denn (s,t) = (0.5 , 3.5) erfüllt das Ungleichungssystem.

$$\begin{pmatrix} 1 & 0 \\ 4 & 0 \\ 1 & -1 \\ -1 & 0 \\ -4 & 0 \\ -1 & 1 \\ -1 & 0 \\ 1 & 0 \\ 0 & -1 \end{pmatrix} \begin{pmatrix} s \\ t \end{pmatrix} \leq \begin{pmatrix} 1 \\ 2 \\ -3 \\ 0 \\ -1 \\ 4 \\ 0 \\ 1 \\ 0 \end{pmatrix}$$

Figur 60 zeigt die Projektionen von Würfel und Strecke. Der nicht sichtbare Teil der Strecke (gestrichelt) ist in diesem Fall einfach der Durchschnitt dieser Projektionen (warum wohl?). Man kann daran die Sichtbarkeitsentscheidungen, die wir mit Hilfe des Ungleichungssystems getroffen haben, noch einmal anschaulich nachprüfen.

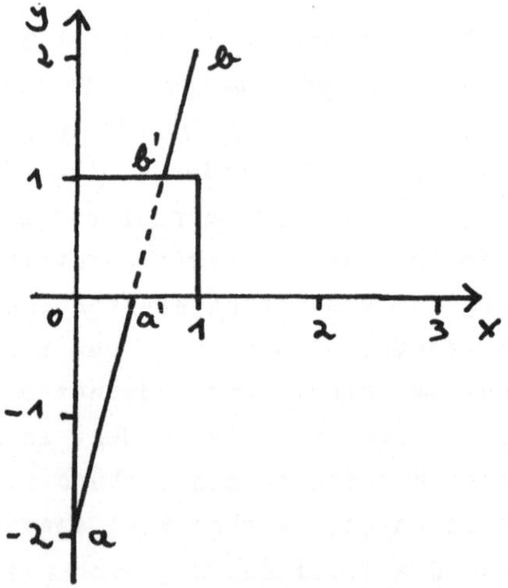

Figur 60

Nach unseren bisherigen Überlegungen könnte man die Bestimmung des sichtbaren Streckenteils folgendermaßen versuchen: Ausgehend von s=0 erhöht man den Streckenparameter s schrittweise und prüft jeweils die Sichtbarkeit des zugehörigen Streckenpunktes mit dem Ungleichungssystem. Sind zwei aufeinanderfolgende Streckenpunkte sichtbar, so zeichnet man das zwischen ihnen liegende Streckenstück. Bei hinreichend kleiner Schrittweite kann man dabei sicher eine einigermaßen befriedigende Lösung des hidden-line-problems erhalten - allerdings erst nach ziemlich langer (Rechen-) Zeit, denn es müssen ja sehr viele Punkte geprüft werden. (Dazu müßte man sich allerdings noch ein systematisches Verfahren überlegen, um zu entscheiden, ob es zu einem vorgegebenen Wert von s einen passenden Wert von t gibt, so daß (s,t) das Ungleichungssystem löst - in den obigen Beispielen haben wir das ja mehr oder weniger geraten.)

Zum Glück geht's aber wesentlich schneller! Wegen des folgenden Prinzips muß man nämlich nur zwei verdeckte Streckenpunkte ausrechnen, um den gesamten verdeckten Streckenteil zu bestimmen.

> Der durch ein Polytop P verdeckte Teil einer Strecke [**a**,**b**] ist stets eine Teilstrecke [**a**',**b**'] von [**a**,**b**].

Dieses Prinzip läßt sich aus der Konvexität des Polytops P herleiten. Hierzu stellen wir uns vor, daß P von der Projektionsebene aus mit parallelen Lichtstrahlen angestrahlt wird. Die Lichtstrahlen haben also die Richtung -**p** (Figur 59). Der verdeckte Streckenteil von [**a**,**b**] ist dann gerade der Teil, der im Schatten liegt. Weil P konvex ist, ist auch sein Schatten S konvex, also ist der verdeckte Streckenteil eine Teilstrecke [**a**',**b**'] von [**a**,**b**].

Zur Ermittlung des verdeckten Streckenteils müssen wir also nur seine beiden Endpunkte **a**' und **b**' bestimmen. **a**' ist der verdeckte Streckenpunkt, der am nächsten am Endpunkt **a** von [**a**,**b**] liegt. In der Parmeterdarstellung der Strecke [**a**,**b**] ist **a**' durch den maximalen Wert des Parameters s eines verdeckten Punktes gegeben. Der verdeckte Streckenpunkt mit minimalem s ist der Punkt **b**'. Mit unserem Ungleichungssystem ausgedrückt ist zur Bestimmung von **a**' demnach das folgende Problem zu lösen:

Berechne eine Lösung (s,t) des linearen Ungleichungssystems

$$\begin{pmatrix} A(a-b) & Ap \\ -1 & 0 \\ 1 & 0 \\ 0 & -1 \end{pmatrix} \begin{pmatrix} s \\ t \end{pmatrix} \leq \begin{pmatrix} r - Ab \\ 0 \\ 1 \\ 0 \end{pmatrix}$$

bei der s maximal ist. (Entsprechend erhält man b' aus einer Lösung mit minimalem s.)

Probleme dieser Art spielen eine große Rolle in der Wirtschaftsmathematik und vielen anderen Anwendungsgebieten. Sie heißen lineare Optimierungsprobleme, lineare Programme oder LP-Probleme. Gelöst werden können diese Optimierungsprobleme mit dem Simplexalgorithmus. Hierüber können Sie sich z.B. in [3] informieren.

Wir wollen hier die Einführung und Programmierung des Simplexalgorithmus umgehen, indem wir unser Verfahren zur Bestimmung des verdeckten Streckenteils noch etwas abwandeln. Die Lösung des Problems würde entscheidend vereinfacht, wenn wir eine der beiden Variablen, etwa t, eliminieren könnten. Ein lineares Optimierungsproblem in nur einer Variablen s läßt sich nämlich ganz einfach lösen. Es besteht aus Ungleichungen des Typs $u_i \leq s$, die s von unten beschränken, und Ungleichungen $s \leq o_j$, die s von oben beschränken. Die Zahlen u_i und o_j liegen auf der Zahlengeraden etwa wie in Figur 61:

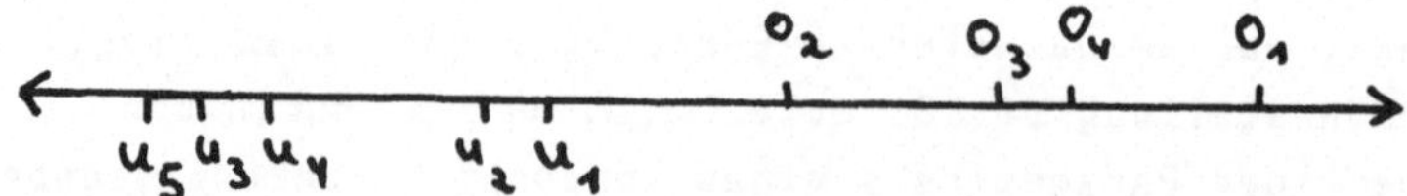

Figur 61

Daran sieht man, daß die Lösung mit minimalem s gerade das Maximum der u_i ist, und die Lösung mit maximalem s das Minimum der o_j. Ist das Maximum der u_i größer als das Minimum der o_j, liegt also ein o_j auf der Zahlengeraden links von einem u_i, so hat das LP-Problem keine Lösung. (Bei unseren Anwendungen tritt dieser Fall auf, wenn die Strecke $[\mathbf{a},\mathbf{b}]$ überhaupt nicht vom Polytop P verdeckt wird.)

Zur Elimination der Variablen t benötigen wir eine zusätzliche Gleichung, die s und t enthält, aus der wir also t berechnen können. Diese Gleichung verschaffen wir uns dadurch, daß wir die Verdeckung der Strecke $[\mathbf{a},\mathbf{b}]$ nicht mehr gegen ein 3-dimensionales Polytop wie den Würfel aus unserem Beispiel testen, sondern gegen ein ebenes Polygon. Ein solches Polygon ist z.B der "Deckel" des Würfels. Er besteht aus allen Punkten $\mathbf{x}=(x,y,z)$, die die vier Ungleichungen $x\geq 0$, $x\leq 1$, $y\geq 0$, $y\leq 1$ (für die vier Kanten) und die Gleichung $z=1$ (die Gleichung der Ebene, in der das Polygon liegt) erfüllen.

Den Teil von $[\mathbf{a},\mathbf{b}]$, der vom Würfel verdeckt wird, können wir dann allerdings nicht mehr in einem einzigen Test berechnen, sondern wir benötigen hierfür 6 Tests: $[\mathbf{a},\mathbf{b}]$ wird einzeln gegen den Deckel des Würfels und seine 5 anderen Seitenflächen getestet. Für den Gewinn - übergang von einem LP-Problem in zwei Variablen zu einem Problem in einer Variablen - müssen wir also einen Preis bezahlen - es sind mehr LP-Probleme zu lösen als vorher.

Ist $\mathbf{n}$ ein Normalenvektor und $\mathbf{e}$ eine Ecke des Polygons, sowie $g = \langle \mathbf{e},\mathbf{n}\rangle$, so besteht die Polygonebene aus allen Punkten $\mathbf{x}$, für die gilt:

$$\langle \mathbf{x},\mathbf{n}\rangle = g .$$

Setzt man $\mathbf{x} = s\mathbf{a} + (1-s)\mathbf{b} + t\mathbf{p}$ ein und löst nach den Rechenregeln für das Skalarprodukt auf, die wir bereits im Abschnitt 2.1 angewandt haben, so erhält man

$$\begin{aligned} g = \langle \mathbf{x},\mathbf{n}\rangle &= s\langle \mathbf{a},\mathbf{n}\rangle + (1-s)\langle \mathbf{b},\mathbf{n}\rangle + t\langle \mathbf{p},\mathbf{n}\rangle \\ &= s\langle \mathbf{a}-\mathbf{b},\mathbf{n}\rangle + t\langle \mathbf{p},\mathbf{n}\rangle + \langle \mathbf{b},\mathbf{n}\rangle \end{aligned}$$

und damit

$$t = \frac{g - s\langle \mathbf{a}-\mathbf{b},\mathbf{n}\rangle - \langle \mathbf{b},\mathbf{n}\rangle}{\langle \mathbf{p},\mathbf{n}\rangle} .$$

Hiermit können wir t aus dem LP-Problem in den Variablen s und t eliminieren und erhalten ein LP-Problem in einer Variablen s:

Berechne eine Lösung s des linearen Ungleichungssystems

$$s \begin{pmatrix} A\left((\mathbf{a}-\mathbf{b}) - \frac{\langle \mathbf{a}-\mathbf{b},\mathbf{n}\rangle}{\langle \mathbf{p},\mathbf{n}\rangle} \mathbf{p} \right) \\ -1 \\ 1 \\ \langle \mathbf{a}-\mathbf{b},\mathbf{n}\rangle \end{pmatrix} \leq \begin{pmatrix} \mathbf{r} - A\left(\mathbf{b} - \frac{g - \langle \mathbf{b},\mathbf{n}\rangle}{\langle \mathbf{p},\mathbf{n}\rangle} \mathbf{p}\right) \\ 0 \\ 1 \\ g - \langle \mathbf{b},\mathbf{n}\rangle \end{pmatrix}$$

mit maximalem s (zur Bestimmung von **a**') bzw. mit minimalem s (zur Bestimmung von **b**').

Zu dieser Elimination von t sind noch zwei Bemerkungen zu machen:

Bei der Berechnung von t dividieren wir durch $\langle \mathbf{p},\mathbf{n}\rangle$. Dies dürfen wir natürlich nur tun, wenn $\langle \mathbf{p},\mathbf{n}\rangle \neq 0$ ist. $\langle \mathbf{p},\mathbf{n}\rangle = 0$ bedeutet, daß der Normalenvektor des Polygons senkrecht auf der Projektionsrichtung steht. In diesem Fall wird das Polygon nur als ein "Strich" projiziert, verdeckt also nichts (wesentliches) von der Strecke [**a**,**b**]. Für ein Polygon mit $\langle \mathbf{p},\mathbf{n}\rangle = 0$ führen wir die Berechnung des verdeckten Streckenteils deshalb gar nicht erst durch.

Die letzte Ungleichung unseres ursprünglichen LP-Problems war $t \geq 0$. Wir haben sie bei der Elimination von t durch die Ungleichung $s\langle \mathbf{a}-\mathbf{b},\mathbf{n}\rangle \leq g - \langle \mathbf{b},\mathbf{n}\rangle$ ersetzt, also durch die Bedingung, daß der Zähler des Bruchs, der t bestimmt, nicht-negativ ist. Dies ist genau dann richtig, wenn der Nenner $\langle \mathbf{p},\mathbf{n}\rangle$ positiv ist, wenn also der Normalenvektor des Polygons mit der Projektionsrichtung einen spitzen Winkel einschließt.

Alle diese Überlegungen gehen in die folgende Prozedur SichtTeil ein, die die Sichtbarkeit einer Strecke gegen ein Polygon testet. Die Projektionsrichtung wird dabei durch den Vektor **p**=(0,0,1) angegeben, d.h. wir führen die Sichtbarkeitsuntersuchungen im

Bildkoordinatensystem aus. Die Endpunkte der Strecke [a,b] werden über va und ve eingegeben, das Polygon über seinen Index Polind im Feld Pol. Die Parameterwerte der Endpunkte a' und b' des verdeckten Streckenteils werden über lmax und lmin ausgegeben. Wird kein Teil der Strecke vom Polygon verdeckt, wird VollSicht auf den Wert true gesetzt.

Die Prozedur UngMach stellt das Ungleichungssystem für das Polygon auf. Die Bestimmung des Normalenvektors n kennen Sie schon aus Abschnitt 6.1. Die Wirkung des Programmteils, der die Ungleichungen für die Kanten aufstellt, können Sie - als kleine Übung zur Berechnung von Normalenvektoren mit dem Vektorprodukt - einmal selbst analysieren. Die Prozedur LPMach stellt das LP-Problem auf, das dann im Hauptteil der Prozedur SichtTeil nach dem in Figur 61 skizzierten Verfahren gelöst wird. Die Konstante Dim2 dient zur Dimensionierung der Felder für die Matrizen und Vektoren des Ungleichungssystems und des LP-Problems. Sie sollte auf den Wert MaxEckZahl+3 gesetzt werden.

```
const Dim2=8 (* MaxEckZahl+3 *);


procedure SichtTeil(va,ve:VektTyp;Polind:integer;
                    var lmin,lmax:real; var Vollsicht:boolean); (* D3Pak2 *)

(* Berechnet Parameterwerte lmin, lmax der Enden des unsichtbaren Teils *)
(* der Strecke. VollSicht=true: Strecke voll sichtbar *)

const null=1E-5;

type  Vekt2Typ=array [1..MaxEckZahl] of real;
      Vekt3Typ=array [1..Dim2] of real;
      Mat2Typ=array [1..MaxEckZahl] of VektTyp;

var   B:Mat2Typ;
      c:Vekt2Typ;
      n:VektTyp;
      UngLi,UngRe:Vekt3Typ;
      x,xli,xre,g:real;
      UngZahl,i,j:integer;


   procedure UngMach(pol:PolTyp; var B:Mat2Typ; var c:Vekt2Typ;
                     var n:VektTyp; var g:real);

   (* Stellt Ungleichungssystem des Polygons auf *)
```

```
var i:integer;
    v1,v2,v3:VektTyp;

begin

   with pol do begin

      (* Gleichung der Polygonebene *)
      KonvPktVekt(D2Pkt[Ecke[1]],v1);
      KonvPktVekt(D2Pkt[Ecke[2]],v2);
      KonvPktVekt(D2Pkt[Ecke[3]],v3);
      VektDiff(v1,v2,v1); VektDiff(v3,v2,v3);
      VektProd(v1,v3,n); g:=SkalProd(v2,n);

      (* Ungleichungen der Polygonkanten *)
      for i:=1 to EckZahl do begin
         if (i=EckZahl) then j:=1 else j:=i+1;
         KonvPktVekt(D2Pkt[Ecke[i]],v1); KonvPktVekt(D2Pkt[Ecke[j]],v2);
         VektDiff(v2,v1,v3);
         VektProd(n,v3,B[i]); c[i]:=SkalProd(B[i],v1);
      end;

      (* Normalenvektor muß auf Beobachter zeigen *)
      if (n[3]<0) then begin
         for i:=1 to 3 do n[i]:=-n[i];
         g:=-g;
      end;

   end;

end; (* von UngMach *)


procedure LPMach(B:Mat2Typ; c:Vekt2Typ; n:VektTyp; g:real; EckZahl:integer;
                 var UngLi,UngRe:Vekt3Typ);

(* Stellt LP-Problem für Schnitt Polygon - Kante auf *)

var i:integer;
    v1,v2:VektTyp;
    x1,x2,x3:real;

begin

   VektDiff(va,ve,v1);
   x1:=SkalProd(v1,n); x2:=SkalProd(ve,n); x3:=n[3];
   v1[3]:=v1[3]-x1/x3;
   v2:=ve; v2[3]:=v2[3]+(g-x2)/x3;
```

```
      for i:=1 to EckZahl do begin
         UngLi[i]:=SkalProd(b[i],v1);
         UngRe[i]:=c[i]-SkalProd(b[i],v2);
      end;

      UngLi[EckZahl+1]:=-1; UngRe[EckZahl+1]:=0;
      UngLi[EckZahl+2]:=1; UngRe[EckZahl+2]:=1;
      UngLi[EckZahl+3]:=x1; UngRe[EckZahl+3]:=g-x2;

   end; (* von LPMach *)


begin (* Hauptteil von SichtTeil *)

   VollSicht:=false; i:=1; UngZahl:=Pol[PolInd].EckZahl+3;
   UngMach(pol[PolInd],B,c,n,g);

   if (abs(n[3])<null) then VollSicht:=true
   else begin

      LPMach(B,c,n,g,UngZahl-3,UngLi,UngRe);
      lmin:=-1E10; lmax:=1E10;

      while (i<=UngZahl) and not VollSicht do begin

         xli:=UngLi[i]; xre:=UngRe[i];

         if (abs(xli)<null) then begin
            if (xre<-null) then VollSicht:=true;
         end else begin
            x:=xre/xli;
            if (xli>null) then begin
               if (x<lmax) then lmax:=x;
            end else
            if (x>lmin) then lmin:=x;
         end;

         if (lmax<lmin) then Vollsicht:=true;

         i:=i+1;

      end;

   end;

end; (* von SichtTeil *)
```

Hiermit haben wir die wesentliche Grundaufgabe zur Lösung des allgemeinen hidden-line-problems bewältigt: Wir können die Verdeckung einer Strecke durch ein Polygon bestimmen.

Mit diesen Mitteln wollen wir nun eine Szene aus n Polygonen Pol[1],...Pol[n] darstellen. Dabei nehmen wir an, daß einige der Polygone Seitenflächen von 3-dimensionalen Polytopen $P_1,...,P_m$ sind, und die anderen zu keinem der P_j gehören, also gewissermaßen "frei im Raum schweben". Die Szene aus Figur 56-58 besteht beispielsweise aus 12 Polygonen, von denen 6 zu P_1 (kleiner Würfel) und 6 zu P_2 (großer Würfel) gehören. Liegt Pol[i] im Polytop P_j, so setzen wir im record Pol[i] die Variable Pol[i].PolNr gleich j. Durch Pol[i].PolNr:=0 zeigen wir an, daß Pol[i] in keinem P_j liegt. Die Darstellung erfolgt in drei Schritten:

1. Die Koordinaten der Ecken werden durch die Prozedur OrthProj oder ZentProj vom Welt- ins Bildkoordinatensystem transformiert.

2. Für jedes Pol[i], das in einem Polytop P_j liegt, für das also Pol[i].PolNr = j > 0 gilt, wird der Sichttest gemäß Abschnitt 6.1 durchgeführt.

3. Für jedes Pol[i], das nach dem Test aus 2. noch sichtbar ist (erkennbar an Pol[i].Farbe = Pol[i].GrundFarbe ≥ 0), wird die Verdeckung aller Kanten von Pol[i] jeweils gegen alle anderen noch sichtbaren Polygone Pol[j] getestet (nach dem Verfahren aus diesem Abschnitt).

Der 3. Schritt verursacht offenbar den weitaus größten Rechenaufwand. Sind z.B. 100 Vierecke sichtbar (und bei vielen unserer Bilder sind es mehr!), so muß die Prozedur SichtTeil bereits mindestens 4*100*99 also ca. 40000 mal aufgerufen werden (in Wirklichkeit sogar noch öfter, wie wir gleich sehen werden). Der Vortest im 2. Schritt ist hier nun in doppelter Hinsicht nützlich. Einerseits vermindert er die Anzahl der Kanten, die im 3. Schritt getestet werden müssen, denn eine bereits vorher als unsichtbar erkannte Kante muß natürlich nicht weiter auf Sichtbarkeit untersucht werden. Andererseits verringert er aber auch die Anzahl der Polygone, mit denen eine bestimmte Kante im 3. Schritt verglichen werden muß, denn ein unsichtbares Polygon kann natürlich auch nichts verdecken. Gelingt es also etwa, die Anzahl der sichtbaren Polygone und Kanten im 2. Schritt zu halbieren, so wird dadurch der Rechenaufwand für den 3. Schritt bereits um den Faktor 4 vermindert.

Die Prozedur HiddenLine führt den 2. und 3. Schritt aus. Die Prozedur SichtTeil für den 3. Schritt ist dabei in eine Prozedur Roberts eingebettet, die wir zu Ehren des Erfinders so genannt haben und gleich noch näher erläutern werden.

```
procedure HiddenLine; (* D3Pak2 *)

(* Startprozedur des Roberts-Algorithmus *)
(* Zeichnet Bild mit Berücksichtigung aller verdeckten Linien *)
(* OrthProj oder ZentProj muß vorher laufen *)

var a,e,i,k,l:integer;
    ax,ay,az,ex,ey,ez:real;
    va,ve:VektTyp;

begin

   SichtTest(-1);

   for i:=1 to PolZahl do
      with Pol[i] do
         if (Farbe>=0) then
            for k:=1 to EckZahl do begin
               a:=Ecke[k]; e:=Ecke[(k mod EckZahl)+1];
               KonvPktVekt(D2Pkt[a],va); KonvPktVekt(D2Pkt[e],ve);
               Roberts(a,e,i,1,va,ve);
            end;

end; (* von HiddenLine *)
```

Die Prozedur SichtTeil bestimmt den Teil einer Strecke [a,b], der durch ein bestimmtes Polygon verdeckt wird. Dabei zerfällt [a,b] (möglicherweise) in zwei sichtbare Teile [a,a'] und [b',b] (Figur 59). Will man nun feststellen, welcher Teil von [a,b] zusätzlich noch durch ein zweites Polygon verdeckt wird, muß man die Prozedur SichtTeil zweimal ausführen, nämlich mit den beiden sichtbaren Teilstrecken, die das erste Polygon übriggelassen hat. Dabei könnten wiederum zwei sichtbare Teilstrecken entstehen...

Der sichtbare Teil einer Strecke, der bei Verdeckung durch mehrere Polygone übrigbleibt, läßt sich also nicht einfach durch mehrfachen Aufruf von SichtTeil in einer Programmschleife bestimmen. Wegen der obigen Verzweigung bietet sich vielmehr eine rekursive Lösung an, die wir in der Prozedur Roberts realisiert haben. Roberts testet die Sichtbarkeit der Strecke [**a**,**b**] gegen alle Polygone ab einem Startindex j. Wird durch das k-te Polygon ein nicht sichtbares Stück von der Strecke "abgeschnitten", ruft sich Roberts rekursiv mit den beiden sichtbaren Streckenteilen (bzw. dem sichtbaren Streckenteil) und neuem Startindex k+1 auf.

Damit die Rekursion funktioniert, benötigt Roberts neben a und e (den Indizes von **a** und **b** im Feld D2Pkt) und dem Startindex j noch die Parameter va und ve, in denen die Koordinaten der Endpunkte des sichtbaren Abschnitts von [**a**,**b**] gespeichert sind, der gerade bearbeitet wird. Roberts benutzt zur weiteren Beschleunigung der Rechnung noch zwei Funktionen InPol und Ueberlapp, die wir im Anschluß an das folgende Listing beschreiben. Eine davon benötigt den Parameter i aus dem Prozedurkopf von Roberts.

```
procedure Roberts(a,e,i,j:integer; va,ve:VektTyp); (* D3Pak2 *)

(* Kante [a,e] aus Polygon i, Koordinaten der Ecken a,e in va,ve *)
(* Gezeichnet wird der Teil der Kante, der nicht durch ein *)
(* Polygon k mit k>=j verdeckt wird *)

var lmin,lmax:real;
    VollSicht,fertig:boolean;
    as,es,adiff,ediff:VektTyp;
    k:integer;

begin

   VollSicht:=true;

   while (j<=PolZahl) and VollSicht do begin
```

```
        if (Pol[j].Farbe>=0) then
           if not InPol(a,e,i,j) then
              if Ueberlapp(va,ve,j) then begin

                 SichtTeil(va,ve,j,lmin,lmax,Vollsicht);

                 if not VollSicht then begin
                 (* Strecke wird (teilweise) durch Polygon j verdeckt *)

                    (* [as,es] durch j verdeckter Streckenteil *)
                    for k:=1 to 3 do begin
                       as[k]:=lmax*va[k]+(1-lmax)*ve[k];
                       adiff[k]:=va[k]-as[k];
                       es[k]:=lmin*va[k]+(1-lmin)*ve[k];
                       ediff[k]:=ve[k]-es[k];
                    end;

                    (* Test der bzgl. j sichtbaren Streckenteile gegen *)
                    (* Polygon j+1 (rekursiver Aufruf von Roberts) *)
                    if (Laenge(adiff)>1) then
                       Roberts(a,e,i,j+1,va,as);
                    if (Laenge(ediff)>1) then
                       Roberts(a,e,i,j+1,ve,es);

                 end;

              end;

        j:=j+1; (* Nächstes Polygon *)

        end;

        if VollSicht then zeichne(va,ve,Pol[i].farbe);

     end; (* von Roberts *)
```

Die Verzweigung, die beim Testen einer Strecke gegen mehrere Polygone auftritt und die wir mit der Prozedur Roberts rekursiv gehandhabt haben, zeigt Ihnen an, daß wir bei der ersten groben Abschätzung des Rechenzeitaufwandes viel zu niedrig gegriffen haben. In jedem Schritt könnte sich ja die Anzahl der sichtbaren Teilstücke, die weiter untersucht werden müssen, verdoppeln! Beim Test einer Strecke gegen n Polygone müßte die Prozedur SichtTeil dann nicht n mal, sondern 2^n mal aufgerufen werden, was die Rechenzeit ins Astronomische ansteigen ließe. Zum Glück kann diese finstere Prognose nicht wirklich eintreten. Zerfällt nämlich [a,b] beim Test gegen das erste Polygon F_1 in zwei sichtbare Teile [a,a'] und [b',b], so kann beim Test gegen das zweite Polygon F_2 höchstens eine dieser beiden Teilstrecken abermals zerfallen. Das liegt daran, daß [a,a'] und [b',b] Teilstrecken von [a,b] sind und F_1, F_2, also auch ihre Schatten S_1, S_2 (S. 137), konvex sind (Figur 62). Bei jedem neuen Polygon kann deshalb höchstens eine neue Teilstrecke hinzukommen. Beim Testen einer Strecke gegen n Polygone muß die Prozedur also nicht 2^n mal, sondern höchstens $1 + 2 + 3 + ... + n = n(n+1)/2$ mal aufgerufen werden. (Bei dem durchaus realistischen Wert n=100 ist das vergleichsweise sehr beruhigend...)

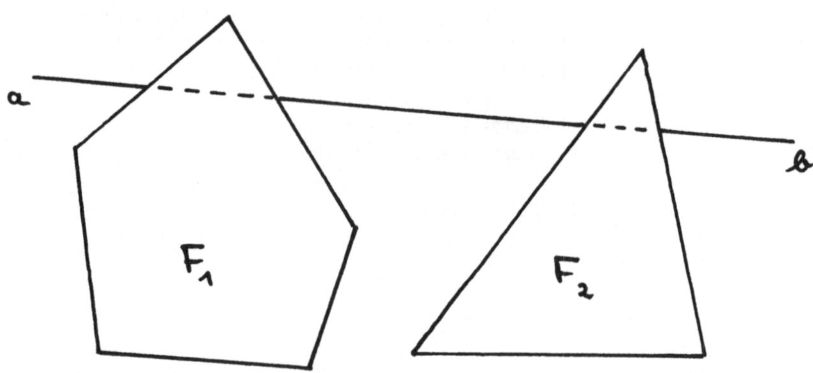

Figur 62

Damit haben wir bereits drei Beispiele dafür, daß Konvexität eine sehr hübsche Eigenschaft ist, die viele Probleme in der Computergraphik entscheidend vereinfacht:

- Konvexe Polytope erlauben einen schnellen Sichtbarkeitstest, den man als Vorstufe für weitere Sichtbarkeitsuntersuchungen einsetzen kann.

- Die Sichtbarkeit einer Strecke läßt sich gegen ein konvexes Polygon (oder Polytop) durch Lösung von LP-Problemen testen.

- Testet man die Sichtbarkeit einer Strecke gegen n konvexe Polygone, steigt der Rechenzeitbedarf nur in der Größenordnung von n^2 an.

Dennoch ist der Rechenzeitbedarf beim derzeitigen Stand unseres Verfahrens noch zu hoch. Ein Aufruf der Prozedur SichtTeil ist recht zeitraubend, vor allem deshalb, weil viele (langsame) Gleitkommaoperationen zur Aufstellung des Ungleichungssystems durchgeführt werden müssen. Wir sollten also unnötige Aufrufe von SichtTeil vermeiden. Dies geschieht durch die beiden Funktionen InPol und Ueberlapp.

Geht man von Figur 57 zu Figur 58 über, so wird eine sichtbare Kante des großen Würfels mit der Prozedur SichtTeil gegen alle in Figur 57 noch sichtbaren Polygone getestet, auch gegen die Seitenflächen des großen Würfels. Das ist jedoch überflüssig, da diese Sichtbarkeitsentscheidung ja bereits im 2. Schritt des Verfahrens beim übergang von Figur 56 zu Figur 57 gefallen ist.

überflüssig ist es auch, mit der Prozedur SichtTeil zu untersuchen, ob eine Strecke [**a**,**b**] durch ein Polygon F verdeckt wird, wenn [**a**,**b**] eine Kante von F ist. (Dies würde sogar zu einer unerwünschten Auslöschung der Kante führen.)

Die Funktion InPol - angewandt in der Prozedur Roberts - verhindert diese beiden unerwünschten Aufrufe von SichtTeil:

```
function InPol(a,e,i,j:integer):boolean; (* D3Pak2 *)

(* Wahr, wenn die Polygone i und j im gleichen Polytop mit Nr.>0 liegen  *)
(* oder wenn [a,e] Kante von P[j] ist. *)

var k:integer;
    b:boolean;

begin

   if (Pol[i].PolNr=Pol[j].PolNr) and (Pol[i].PolNr>0) then b:=true
   else b:=false;
```

```
    if not b then
       with Pol[j] do
          for k:=1 to EckZahl do begin
            if ([a,e]=[Ecke[k],Ecke[(k mod EckZahl)+1]]) then b:=true;
          end;
    InPol:=b;

end; (* von InPol *)
```

Betrachtet man die Bilder in diesem Buch, sieht man oft schon "auf den ersten Blick", daß eine Kante [**a**,**b**] von einem Polygon P nicht verdeckt werden kann. Dies ist z.B. dann der Fall, wenn die Kante in der linken unteren Bildecke liegt und das Polygon in der rechten oberen Bildecke, oder wenn die Kante im Vordergrund liegt, das Polygon aber weit im Hintergrund. Daß ein solcher einfacher Fall vorliegt, kann man auch mit dem Rechner sehr schnell entscheiden, ohne den hohen Aufwand des Algorithmus' von Roberts.

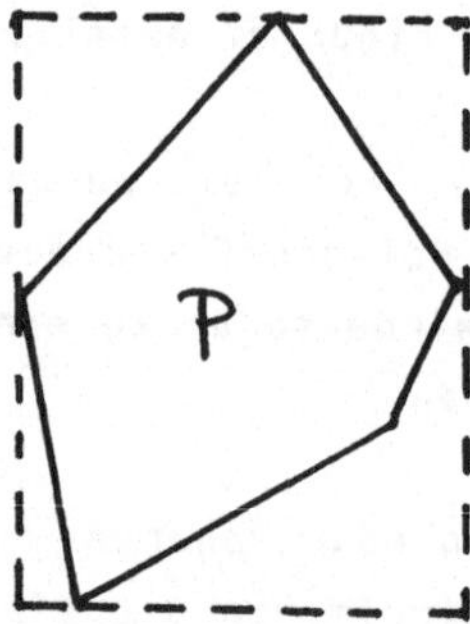

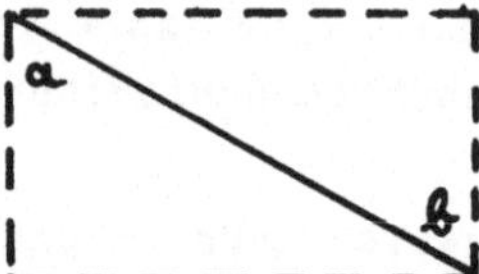

Figur 63

Hierzu bestimmt man (im Bildkoordinatensystem) die minimale und die maximale x-Koordinate der Ecken von P, $x_{min}(P)$ und $x_{max}(P)$, und entsprechend $y_{min}(P)$, $y_{max}(P)$, $z_{min}(P)$ und $z_{max}(P)$. Beim übergang zur Bildschirmdarstellung wird P dann ganz in das (achsenparallele) Rechteck mit linker unterer Ecke $(x_{min}(P),y_{min}(P))$ und rechter oberer Ecke $(x_{max}(P),y_{max}(P))$ projiziert (Figur 63). Die Bildschirmdarstellung der Kante [**a**,**b**] liegt im achsenparallelen Rechteck, das durch die beiden Ecken

$(x_{min}([a,b]),y_{min}([a,b]))$ und $(x_{max}([a,b]),y_{max}([a,b]))$ bestimmt ist. Wenn sich diese beiden Rechtecke nicht schneiden, wie in Figur 63, kann P natürlich nichts von [a,b] verdecken. Dies wird in der folgenden Funktion Ueberlapp an Hand von vier Ungleichungen geprüft. Durch eine fünfte Ungleichung $z_{min}([a,b]) > z_{max}(P)$ ist die Situation gekennzeichnet, daß [a,b] im Bild weiter vorne liegt als P, und damit ebenfalls nicht von P verdeckt werden kann. Auch diese Ungleichung wird in Ueberlapp geprüft.

```
function Ueberlapp(va,ve:VektTyp; j:integer):boolean; (* D3Pak2 *)

(* Falsch, wenn Strecke "vor" dem Polygon j liegt, oder außerhalb des *)
(* "Projektionsfensters" des Polygons *)
(* Strecke wird dann in keinem Fall durch Polygon j verdeckt *)

var min,max,smin,smax:VektTyp;
    k,l:integer;
    x:real;

begin

   for k:=1 to 3 do begin
      min[k]:=10E10; max[k]:=-10E10;
   end;

   with Pol[j] do
      for k:=1 to EckZahl do
         for l:=1 to 3 do begin
         x:=D2Pkt[Ecke[k],l];
         if x<min[l] then min[l]:=x;
         if x>max[l] then max[l]:=x;
      end;

   for k:=1 to 3 do
      if (va[k]<=ve[k]) then begin
         smin[k]:=va[k]; smax[k]:=ve[k];
      end else begin
         smax[k]:=va[k]; smin[k]:=ve[k];
      end;

   Ueberlapp:=true;

   for k:=1 to 2 do
      if (smax[k]<min[k]+1E-5) or (smin[k]>max[k]-1E-5) then Ueberlapp:=false;
   if (smin[3]>max[3]-1E-5) then Ueberlapp:=false;

end; (* von Ueberlapp *)
```

Damit haben wir drei Vortests, die die Anwendung des Verfahrens von Roberts in vielen Fällen überflüssig machen: Den Sichtbarkeitstest für Polytope aus Abschnitt 6.1 und die Funktionen InPol und Ueberlapp. In Abschnitt 7.1 geben wir Ihnen noch einige Tips, wie man durch Verbesserung dieser Vortests die Rechenzeit weiter reduzieren kann.

Die Funktionen und Prozeduren dieses Abschnitts bilden das Paket D3Pak2 auf der Diskette. Wenn Sie die Programme stattdessen von Hand eingeben, sollten Sie dies in der folgenden Reihenfolge tun (damit der Compiler eine Prozedur schon übersetzt hat, wenn sie zum ersten Mal aufgerufen wird): InPol, Ueberlapp, SichtTeil, Roberts und HiddenLine.

Wir beenden diesen langen und nicht ganz einfachen Abschnitt mit einem Listing des Programms robl, das die Prozeduren aus den Kapiteln 3,4 und 5 und den Abschnitten 6.1 und 6.2 zu einem größeren Demo-Programm zusammenfaßt. Zuvor aber noch drei Bemerkungen, die das Spielen mit diesem Programm vielleicht noch etwas interessanter machen.

An mehreren Stellen in diesem Kapitel hat sich gezeigt, daß die Konvexität wesentlich zur Vereinfachung der Verfahren und Verkürzung der Rechenzeit beiträgt. Das können Sie auch experimentell erleben: Entfernen Sie aus den Prozeduren des fünften Kapitels die Strukturierung durch Konvexität, indem Sie bei allen Polygonen pol[i].PolNr gleich 0 setzen, und vergleichen Sie die Rechenzeit. (Da braucht man schon Geduld...)

In einigen der Prozeduren aus Kapitel 5 haben wir auch Polygone durch gleiche PolNr zu einem "Polytop" zusammengefaßt, die gar nicht die Seitenflächen eines konvexen Polytops sind. Ein Beispiel hierfür sind die Fenster des Hauses aus Abschnitt 5.3. Bei ihnen hat PolNr stets den Wert 1000. Dies führt trotzdem zu korrekten Bildern, weil die zwei für unseren Sichtbarkeitstest wesentlichen Eigenschaften der Seitenflächen eines Polytops weiter gelten: Ein Fenster ist immer nur von einer Seite sichtbar und kein Fenster kann ein anderes verdecken.

Die Unterdrückung der verdeckten Linien mit dem Algorithmus von Roberts ist relativ aufwendig. Man kann es in vielen Fällen auch einfacher haben. Im Abschnitt 6.4 skizzieren wir einige solche Verfahren. Der Algorithmus von Roberts hat gegenüber vielen dieser Verfahren jedoch einen wichtigen Vorteil: Er funktioniert auch dann noch, wenn die Polygone sich gegenseitig durchdringen, wie etwa beim Titelbild oder in Figur 49 in Abschnitt 5.1. Beim Lösen des LP-Problems macht sich ein Durchstoßpunkt einer Strecke durch ein sichtbares Polygon übrigens dadurch bemerkbar, daß die Variable t den Wert 0 hat. Zur Begründung muß man sich nur überlegen, welche Rolle t als Parameter des Projektionsstrahls geometrisch spielt (S. 134).

```
program robl;

(**********************************************************************)
(* Demo des Roberts Algorithmus                                       *)
(* Wählbare Szenen:                                                   *)
(* Rotationstori                                                      *)
(* Häuser                                                             *)
(* Platonische Körper                                                 *)
(* Funktionsgraph                                                     *)
(**********************************************************************)

(****************** Einbindung der Graphikansteuerung *****************)
(* Hier z.B. Includefiles der TURBO GRAPHIX TOOLBOX                   *)
(**********************************************************************)

(*************** Einbindung der Programme aus diesem Buch *************)
(* $I d2pak2.pas                                                      *)
(* $I d3pak1.pas                                                      *)
(* $I d3pak2.pas                                                      *)
(* $I rot2.pas                                                        *)
(* $I haus1.pas                                                       *)
(* $I konv1.pas                                                       *)
(* $I funkt1.pas                                                      *)
(**********************************************************************)

var RotZug:RotZugTyp;
    alpha,phi,theta,r,mx,xanf,xend,yanf,yend:real;
    ch,ProjArt,VerdArt,Druck:char;
    v,wahl,Plato,i,HausZahl,t1,t2,t3,g,pn,dNull,n,m:integer;
```

```
BEGIN (* Hauptprogramm *)

   ch:='j';

   while (ch<>'n') do begin

      ClrScr; D3Loesch;

      writeln('Demonstration des Algorithmus von Roberts');
      writeln; writeln;
      writeln('Darstellung des Bildes mit RETURN beenden:');
      writeln; writeln;
      writeln('Darstellbare Objekte:'); writeln;
      writeln('1. Rotationstorus');
      writeln('2. Häuser');
      writeln('3. Platonische Körper');
      writeln('4. Funktionsgraph'); writeln;
      write('Ihre Wahl: '); readln(wahl);

      case wahl of

         1:begin
              ClrScr;
              writeln('Rotationstorus mit polygonalem Querschnitt'); writeln;
              write('Eckenzahl des Querschnitts: '); readln(v);
              write('Radius des Querschnitts: '); readln(r);
              write('Radius des Torus: '); readln(mx);
              write('Rotationswinkel: '); readln(alpha);
              QuerSchnitt(RotZug,v,r,mx); Rot2(RotZug,v,alpha);
           end;

         2:begin
              ClrScr;
              writeln('Häuserbau'); writeln; writeln;
              writeln('Es gibt einen Haustyp.');
              writeln('Das Haus steht auf der x,y-Ebene.');
              writeln('Sein Grundriss liegt in dem durch');
              writeln('(0,0) und (170,210) gegebenen Rechteck'); writeln;
              writeln('Sie können mehrere davon bauen.'); writeln;
              writeln('Dabei  wird die Lage jedes Hauses bestimmt durch:');
              writeln('    - Koordinaten t1,t2 des Nullpunkts');
              writeln('    - Drehung um alpha um die z-Achse');
              writeln;
              write('Anzahl der Häuser (max. 10) : '); readln(HausZahl);
              if (HausZahl<=10) then for i:=1 to HausZahl do begin
                 ClrScr;
                 writeln('Haus ',i:2); writeln;
                 writeln('Verschiebung des Nullpunkts nach (t1,t2)');
                 write('t1: '); readln(t1);
                 write('t2: '); readln(t2);
                 writeln;
```

```
      write('Drehung um alpha: '); readln(alpha);
      Haus(t1,t2,0,alpha);
    end;

  end;

3:begin
    Plato:=1;
    while (Plato>0) do begin
      ClrScr;
      writeln('                                    Platonische Körper');
      writeln; writeln;
      writeln('0. Keine weiteren Körper'); writeln;
      writeln('1. Tetraeder');
      writeln('2. Würfel');
      writeln('3. Oktaeder');
      writeln('4. Dodekaeder');
      writeln('5. Ikosaeder');
      writeln; write('Ihre Wahl: '); readln(Plato);
      if (Plato>0) then begin
        ClrScr;
        case Plato of
          1:writeln('Tetraeder');
          2:writeln('Würfel');
          3:writeln('Oktaeder');
          4:writeln('Dodekaeder');
          5:writeln('Ikosaeder');
        end;
        writeln; writeln;
        writeln('Lage des Schwerpunkts (t1,t2,t3) :');
        write('t1: '); readln(t1);
        write('t2: '); readln(t2);
        write('t3: '); readln(t3);
        writeln;
        write('Größe (ca. 100 ... 1000) : '); readln(g);
        writeln;
        write('Nr. des Körpers: '); readln(pn);
        case Plato of
          1:MachTetraeder(g,t1,t2,t3,pn);
          2:MachWuerfel(g,t1,t2,t3,pn);
          3:MachOktaeder(g,t1,t2,t3,pn);
          4:MachDodekaeder(g,t1,t2,t3,pn);
          5:MachIkosaeder(g,t1,t2,t3,pn);
        end;
      end;
    end;
  end;
```

```
  4:begin
      ClrScr;
      writeln('Graph einer Funktion in zwei Variablen f(x,y)');
      writeln;
      writeln('Zur Zeit nur eine Beispielfunktion (s. Funkt1.pas)');
      writeln;
      writeln('!!! Lange Rechenzeit bei verdeckten Linien !!!');
      writeln; writeln;
      writeln('Definitionsbereich:');
      write('xmin = '); readln(xanf);
      write('xmax = '); readln(xend);
      write('ymin = '); readln(yanf);
      write('ymax = '); readln(yend);
      writeln; writeln;
      writeln('Gitternetz:');
      write('Anz. d. Knoten in x-Richtung: '); readln(m);
      write('Anz. d. Knoten in y-Richtung: '); readln(n);
      Netz(n,m); FunktWert(n,m,xanf,xend,yanf,yend);
    end;

end;

while (ch<>'n') do begin

   D2Loesch;

   ClrScr; write('Orthogonal- oder Zentralprojektion (o/z): ');
   readln(ProjArt);
   if (ProjArt='z') then begin
      write('Abstand Projektionszentrum - Nullpunkt: ');
      readln(dNull);
   end;
   writeln;
   writeln('Projektionsrichtung:');
   write('Winkel phi mit x-Achse: '); readln(phi);
   write('Winkel theta mit z-Achse: '); readln(theta); writeln;

   write('Verdeckte Linien (nicht=n, voll=v, halb=h) :  ');
   readln(VerdArt);

   EnterGraphic;  (* Einschalten der hochauflösenden Graphik *)
   ClearScreen; (* Bildschirm löschen *)

   if (ProjArt='z') then Zentproj(phi,theta,dNull)
      else OrthProj(phi,theta);
   StandardFensterBild;
   Rahmen(0);
```

```
        if (VerdArt='v') then HiddenLine
        else begin
           if (VerdArt='h') then SichtTest(1) else FarbReset;
           ZeichneBild;
        end;

        readln;

        LeaveGraphic; (* Ausschalten der hochauflösenden Graphik *)

        write('noch ein Bild des gleichen Objekts (j/n): '); readln(ch);

     end;

     writeln; write('neues Objekt definieren (j/n): '); readln(ch);

  end;

END.
```

6.3 Der Algorithmus von Warnock

Im vorigen Abschnitt haben wir das hidden-line-problem dadurch gelöst, daß wir von jeder Polygonkante die sichtbaren Teilstrecken ausgerechnet haben (Koordinaten der Endpunkte). Einen ganz anderen Lösungsweg wollen wir Ihnen jetzt mit dem Verfahren von Warnock (vgl. [12]) vorstellen. Er ist ein Beispiel für einen Unterteilungsalgorithmus. Charakteristisch für diese Art von Algorithmen ist das Prinzip der stufenweisen Verfeinerung: Ausgehend von einem recht komplexen Problem - etwa der Untersuchung aller verdeckten Linien - werden sukzessive immer kleinere Teilprobleme untersucht - etwa nur die verdeckten Linien in einem Bildausschnitt. In Abschnitt 7.1 behandeln wir eine weitere Anwendung dieses Prinzips.

Beim Algorithmus von Warnock wird das Bild in rechteckige Teilbereiche, Fenster genannt, unterteilt. Dann wird für jedes Fenster der dort sichtbare Bildteil analysiert. Ist dies Teilbild "einfach" (was das heißt, werden wir gleich präzisieren), wird es gezeichnet, andernfalls wird die Unterteilung verfeinert. Dazu wird das Fenster in vier Teile zerlegt, die dann, jeder einzeln für sich, wiederum analysiert werden. Das Verfahren läuft also nach dem folgenden Schema ab:

1. Das Startfenster ist das ganze Bild.

2. Ist das in einem Fenster sichtbare Teilbild "einfach", wird es gezeichnet. Andernfalls wird es in vier Teilfenster zerlegt, die dann auf die gleiche Weise weiterbehandelt werden.

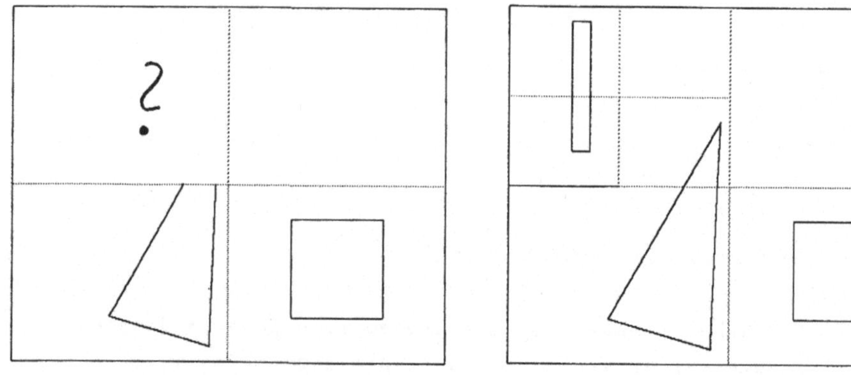

Figur 64 Figur 65

Der Algorithmus von Warnock geht also rekursiv vor (und wir werden ihn auch so programmieren). In den Figuren 64 und 65 demonstrieren wir ihn am Beispiel einer Szene aus drei Polygonen. Die Fensterunterteilungen sind punktiert eingezeichnet. Den in einem Fenster sichtbaren Bildteil wollen wir als "einfach" ansehen, wenn entweder gar nichts zu sehen ist, oder nur ein Polygon (oder ein Teil davon). Zu Beginn ist das Fenster das ganze Bild. Es sind drei Polygone zu sehen. Der Rechner empfindet das nicht als "einfach" und unterteilt den Bildschirm in vier Teilfenster (Figur 64).

Drei dieser vier Teilfenster erfüllen die Bedingung "einfach". Ihre Bildinhalte werden in Figur 64 schon eingezeichnet. Lediglich das Fenster links oben ist nicht "einfach". Es wird deshalb noch einmal in vier Teilfenster unterteilt. Jedes dieser vier Fenster ist "einfach" und wird gezeichnet (Figur 65).

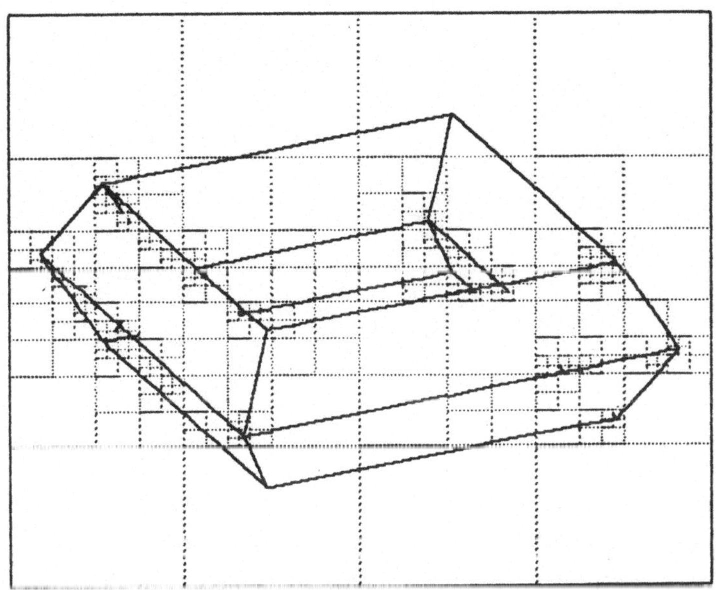

Figur 66

An diesem Beispiel sieht man bereits den Hauptvorteil eines solchen rekursiven Unterteilungsverfahrens. Die Verfeinerung erfolgt nicht gleichmäßig über das ganze Bild in lauter gleichgroße Fenster (erst "Rechenkästchen", dann "Millimeterpapier" usw.), sondern in Abhängigkeit von der Komplexität des jeweiligen Bildteils unterschiedlich: Auf einfache Teile wird nicht viel Zeit verschwendet, sie werden bereits nach einer relativ groben Unterteilung gezeichnet. Nur in komplizierteren Bildabschnitten wird die Unterteilung weiter verfeinert, bis der Fensterinhalt ohne (allzu große) Fehler gezeichnet werden kann.

Figur 66 zeigt Ihnen diesen Effekt noch einmal an einem etwas größeren Beispiel, einem viereckigen Rotationstorus (wie Sie Ihn auch mit dem Programm robi aus dem vorigen Abschnitt zeichnen können). Das gleiche Bild, aber ohne Fensterunterteilung, sehen Sie in Figur 67.

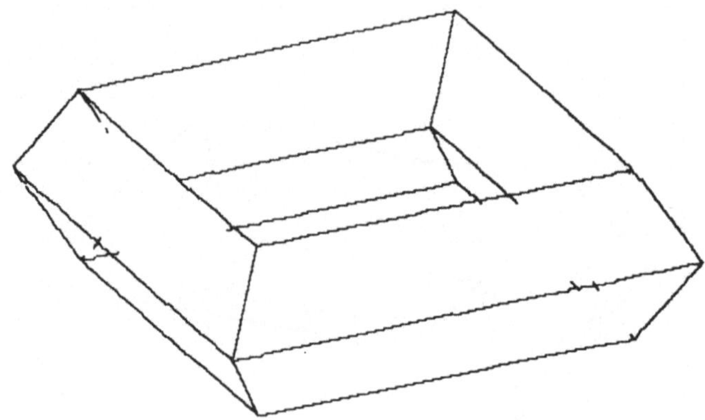

Figur 67

Um das Verfahren von Warnock zu programmieren, müssen wir einige Begriffe noch etwas präziser fassen. Unter anderem werden wir dabei auch noch ein besseres Kriterium für "einfach" formulieren. Zunächst aber zum Begriff "im Fenster sichtbares Teilbild". Hierzu ordnen wir jedem Fenster eine Liste der aktiven Polygone zu, die wir bei einer Unterteilung des Fensters zu Listen der aktiven Polygone für die vier Teilfenster modifizieren. Das "im Fenster sichtbare Teilbild" besteht dann aus den Projektionen aller aktiven Polygone - oder genauer gesagt aus den Teilen dieser Polygone, die ins Fenster projiziert werden (Figur 65).

Wir beginnen mit der Liste der aktiven Polygone für das Startfenster. Sie besteht aus allen Polygonen, die den Sichtbarkeitstest aus Abschnitt 6.1 überstehen (den wir auch hier wieder als Vortest verwenden). Es sei nun F ein Fenster, das in vier Teilfenster $F_1,\dots,F_4$ unterteilt wird. Aus der Liste L(F) der aktiven Polygone von F gewinnen wir die Listen $L(F_1),\dots,L(F_4)$ für die Teilfenster folgendermaßen:

0. Zunächst übernehmen wir alle Polygone aus L(F) in $L(F_1)$.

1. Wir entfernen alle Polygone aus $L(F_i)$, deren Projektionen ganz außerhalb des Fensters F_i liegen.

2. Wir entfernen alle Polygone aus $L(F_i)$, deren Projektionen das Fenster umschließen.

Die Figuren 68 und 69 zeigen diese beiden Fälle. Im 1. Fall ist klar, daß wir das Polygon aus $L(F_i)$ streichen können. Im 2. Fall sieht man das Polygon zwar im Fenster F_i, aber nur einen inneren Ausschnitt davon, keine seiner Kanten. Da wir nur die Kanten zeichnen, können wir das Polygon also auch in diesem Fall aus $L(F_i)$ entfernen.

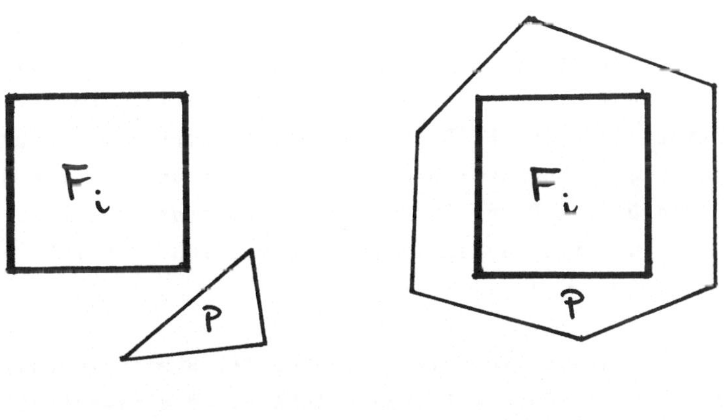

Figur 68 Figur 69

Wir streichen nun noch eine dritte Sorte von Polygonen aus der Liste $L(F_i)$. Vom Polygon P in Figur 69 liegt zwar keine Kante in F_i (wir müssen also auch nichts zeichnen), dennoch sieht man das Polygon im Fenster F_i, und zwar sogar "formatfüllend". Dies hat zur Folge, daß alle Polygone, die (im Fenster) hinter P liegen, in F_i nicht zu sehen sind:

3. Ist P ein Polygon, dessen Projektion das Fenster F_i umfaßt, so entfernen wir alle Polygone Q aus $L(F_i)$, die hinter P liegen.

In Abschnitt 2.4 haben wir eine Prozedur ClipStrecke eingeführt, mit der man schnell prüfen kann, ob eine Strecke ein rechteckiges Fenster trifft. Damit kann man die beiden ersten Typen von Polygonen, die wir aus $L(F_i)$ streichen wollen, leicht erkennen (Figur 68/69):

> Ein Polygon P erfüllt genau dann eine der beiden Bedingungen 1. und 2., wenn alle seine Kanten außerhalb des Fensters F_i liegen. Liegen dann die Ecken des Fensters in der Projektion von P, so ist die 2. Bedingung erfüllt, andernfalls die 1. Bedingung.

Ehe wir die Polygone des 3. Typs aus $L(F_i)$ entfernen können, müssen wir zuerst den Begriff "Polygon Q liegt hinter Polygon P" präzisieren. Im vorigen Abschnitt hatten wir diese Situation dadurch gekennzeichnet, daß die maximale z-Koordinate $z_{max}(Q)$ einer Ecke von Q kleiner ist als die minimale z-Koordinate $z_{min}(P)$ einer Ecke von P. Diese Definition können wir hier mit einer Änderung übernehmen: Wir interessieren uns nur für die Teile P' und Q' von P und Q, die in das Fenster F_i projiziert werden. z_{min} und z_{max} müssen deshalb bezüglich P' und Q' bestimmt werden.

P' und Q' sind wieder konvexe Polygone. Ist S eine (unendlich hohe) rechteckige Säule mit Grundfläche F_i, die senkrecht auf der x,y-Ebene steht, so erhält man P' und Q' als Schnitte von P und Q mit S. Die Ecken von Q' kann man deshalb so charakterisieren: Eine Ecke von Q' ist ein Punkt x von Q, der eine der folgenden Bedingungen erfüllt:

A. x ist eine Ecke von Q, die ins Fenster F_i projiziert wird.

B. x liegt auf einer Kante von Q und wird auf eine Kante von F_i projiziert.

C. x wird auf eine Ecke von F_i projiziert.

Bei der Entfernung der Polygone der ersten beiden Typen aus $L(F_1)$, durch Clipping ihrer Kanten am Fenster F_1, fallen die Projektionen der Ecken der Typen A und B bereits automatisch an: als Endpunkte der geclipten Kanten. (Dies ist auch für den Sonderfall noch richtig, daß ein ganzer Abschnitt einer Kante von Q auf eine Kante von F_1 projiziert wird, obwohl es dann Punkte vom Typ B gibt, die keine Ecken von Q' sind.) Die Projektionen der Ecken des Typs C sind die Fensterecken, die in der Projektion von P liegen. Auch diese Punkte bekommt man bereits bei der Behandlung der Polygone der Typen 1 und 2.

Die z-Koordinate einer Ecke x von Q' erhält man dadurch, daß man in der Projektion x' der Ecke die Senkrechte auf der x,y-Ebene (also den Projektionsstrahl) errichtet und mit dem Polygon Q schneidet.

Die Ecken von P' berechnet man auf die gleiche Weise. Da die Projektion von P das Fenster umfaßt (Figur 69), sind alle Ecken von P' vom Typ C. über die Ecken von P' und Q' können wir nun $z_{min}(P')$ und $z_{max}(Q')$ bestimmen. Q wird aus $L(F_1)$ entfernt, wenn $z_{max}(Q') < z_{min}(P')$ ist.

Damit ist das Verfahren, mit dem wir aus der Liste L(F) der aktiven Polygone eines Fensters F die Listen $L(F_1),...,L(F_4)$ seiner vier Teilfenster gewinnen können, komplett. Programmiert ist es in der folgenden Prozedur Update (dem ersten Teil des Programmpakets D3Pak3, in dem alle Prozeduren zum Warnock-Algorithmus zusammengefaßt sind). Die Polygonliste L(F) ist durch die Variable aktiv realisiert. Sie ist vom PASCAL-Typ Menge (wodurch man z.B. in TURBO-PASCAL auf maximal 255 Polygone beschränkt ist).

```
type MengTyp=set of 1..MaxPolZahl;

var  Aufloesung:integer; (* mind. 4 *)
     rahme:boolean;


procedure Update(var aktiv:MengTyp; var KantZahl:integer); (* D3Pak3 *)

(* Bestimmt die im aktuellen Fenster aktiven Polygone *)
```

```
var a,e,i,j,k,PolEz,InnenEcken:integer;
    vFe:array [1..4] of VektTyp;
    v,Knorm:array [1..MaxEckZahl] of VektTyp;
    Kalpha:array [1..MaxEckZahl] of real;
    PolZmax:array [1..MaxPolZahl] of real;
    Fnorm,v1,v2:VektTyp;
    Falpha,z,Polzmin,verdeckt:real;
    AktKant:MengTyp;
    schnitt,sicht:boolean;


   procedure UngMach(pol:PolTyp);

   (* Stellt pol durch Ungleichungssystem dar *)

   var i,j:integer;

   begin

      with pol do begin

         PolEz:=EckZahl;

         for i:=1 to EckZahl do KonvPktVekt(D2Pkt[Ecke[i]],v[i]);

         (* Gleichung der Polygonebene *)
         VektDiff(v[1],v[2],v1); VektDiff(v[3],v[2],v2);
         VektProd(v1,v2,Fnorm); Falpha:=SkalProd(Fnorm,v[1]);

         (* Ungleichungen der (projizierten) Polygonkanten *)
         for i:=1 to EckZahl do begin
            VektDiff(v[(i mod EckZahl)+1],v[i],v1);
            Knorm[i,1]:=-v1[2]; Knorm[i,2]:=v1[1]; Knorm[i,3]:=0;
            Kalpha[i]:=SkalProd(Knorm[i],v[i]);
         end;

      end;

   end; (* von UngMach *)


   function Zet(vekt:VektTyp):real;

   (* Ordinatenwert des Polygons über Ebenenpunkt vekt *)

   begin
      if (Fnorm[3]<>0) then
         Zet:=(Falpha-Fnorm[1]*vekt[1]-Fnorm[2]*vekt[2])/Fnorm[3]
      else Zet:=1E10;
   end; (* von Zet *)
```

```
   function inside(vekt:VektTyp):boolean;

   (* Wahr, wenn die Projektion von vekt in der Projektion des Polygons liegt. *)

   var i:integer;
       verletzt:boolean;

   begin

      i:=1; verletzt:=false;

      while (i<=PolEz) and not verletzt do begin
         if (SkalProd(Knorm[i],vekt)>Kalpha[i]) then verletzt:=true;
         i:=i+1;
      end;

      inside:=not verletzt;

   end; (* von inside *)


begin (* Hauptteil von Update *)

   vFe[1,1]:=FensterLI; vFe[1,2]:=FensterUN;
   vFe[2,1]:=FensterRE; vFe[2,2]:=FensterUN;
   vFe[3,1]:=FensterRE; vFe[3,2]:=FensterOB;
   vFe[4,1]:=FensterLI; vFe[4,2]:=FensterOB;

   KantZahl:=0; AktKant:=[]; verdeckt:=-1E10;

   for i:=1 to PolZahl do
      if (i in aktiv) then begin

         UngMach(pol[i]);

         (* Polygonkanten gegen Fenster clippen *)
         schnitt:=false; Polzmin:=1E10; Polzmax[i]:=-1E10;
         for j:=1 to PolEz do begin
            k:=(j mod PolEz)+1;
            a:=pol[i].Ecke[j]; e:=pol[i].Ecke[k];
            KonvPktVekt(D2Pkt[a],v1);
            KonvPktVekt(D2Pkt[e],v2);
            ClipStrecke(v1,v2,sicht);
            if sicht then begin
               schnitt:=true;
               if (AktKant=[]) then begin
                  AktKant:=[a,e];
                  KantZahl:=1;
               end else
                  if ([a,e]<>AktKant) then KantZahl:=2;
```

```
            z:=Zet(v1);
            if (z>Polzmax[i]) then Polzmax[i]:=z;
            if (z<Polzmin) then Polzmin:=z;
            z:=Zet(v2);
            if (z>Polzmax[i]) then Polzmax[i]:=z;
            if (z<Polzmin) then Polzmin:=z;
         end;
      end;

      (* Fensterecken im Polygon *)
      InnenEcken:=0;
      for j:=1 to 4 do
         if Inside(vFe[j]) then begin
            InnenEcken:=InnenEcken+1;
            z:=Zet(vFe[j]);
            if (z>Polzmax[i]) then Polzmax[i]:=z;
            if (z<Polzmin) then Polzmin:=z;
         end;

      (* Polygon überdeckt Fenster oder schneidet Fenster nicht *)
      if not schnitt then begin
         aktiv:=aktiv-[i];
         if (InnenEcken=4) and (polzmin>verdeckt) then verdeckt:=polzmin;
      end;

   end;

   (* Polygone entfernen, die durch anderes Polygon verdeckt sind. *)
   verdeckt:=verdeckt+1E-4;
   for i:=1 to PolZahl do
      if (i in aktiv) then
         if (Polzmax[i]<verdeckt) then aktiv:=aktiv-[i];

end; (* von Update *)
```

Nachdem wir die Operationen für die Fensterunterteilung programmiert haben, formulieren wir jetzt das Kriterium dafür, daß das im Fenster sichtbare Teilbild "einfach" ist, daß also nicht weiter unterteilt, sondern der Fensterinhalt gezeichnet wird. Am Anfang des Abschnitts hatten wir schon probeweise ein solches Kriterium formuliert. "Einfach" hieß dort, daß im Fenster höchstens noch ein Polygon zu sehen ist. Bei unserem Einführungsbeispiel (Figur 64/65) funktionierte das recht gut, bei größeren Beispielen führt dies Kriterium jedoch zu einer unnötig feinen Fensterunterteilung. Wenn z.B. im Fenster noch mehrere Polygone sichtbar sind, die aber alle Seitenflächen ein und desselben Polytops sind, können wir den Fensterinhalt bereits zeichnen, ohne daß Fehler auftreten, denn den Sichtbarkeitstest für die einzelnen Polytope (Abschnitt 6.1) führen wir ja auch hier wieder als Vortest durch. Wir entscheiden uns deshalb für ein verbessertes Kriterium:

> Ein Fenster F heißt <u>einfach</u>, wenn eine der vier Bedingungen erfüllt ist:
>
> 1. Es sind nur noch Polygone aus höchstens einem Polytop aktiv (und keine "frei schwebenden" Polygone mit PolNr=0).
>
> 2. Es ist höchstens ein "frei schwebendes" Polygon (PolNr=0) aktiv (und keine weiteren Polygone mit PolNr>0).
>
> 3. Es ist höchstens eine Kante im Fenster zu sehen (die beliebig vielen aktiven Polygonen angehören darf).
>
> 4. Die Größe des Fensters unterschreitet ein vorgegebenes Mindestmaß.

Die Zusammenstellung dieser vier Bedingungen ist relativ willkürlich. Da wir unsere Szenen durch Zusammenfassung von Polygonen zu Polytopen (oder Objekten, die sich beim Sichtbarkeitstest aus Abschnitt 6.1 wie Polytope verhalten) strukturieren, bieten sich die beiden ersten Bedingungen ganz selbstverständlich an. Die 3. Bedingung hatten wir in einer früheren Programmversion noch nicht vorgesehen.

Figur 70 zeigt das gleiche Bild wie Figur 66, aber mit der Fensterunterteilung, die man ohne die 3. Bedingung erhält. (Wenn Sie die beiden Figuren vergleichen, können Sie erraten, wie wir die Rotationstori in Abschnitt 5.2 durch Zusammenfassung von Polygonen unter einer PolNr strukturiert haben.) Die 3. Bedingung spart also Rechenzeit an "Nahtstellen" zwischen Polygonen mit verschiedener PolNr. Da solche Nahtstellen häufig auftreten, haben wir sie in unser Kriterium für die Einfachheit eines

Fensters aufgenommen. Damit man sie bequem überprüfen kann, wird die Anzahl der im Fenster sichtbaren Kanten bereits in der Prozedur Update in der Variablen KantZahl mitgezählt.

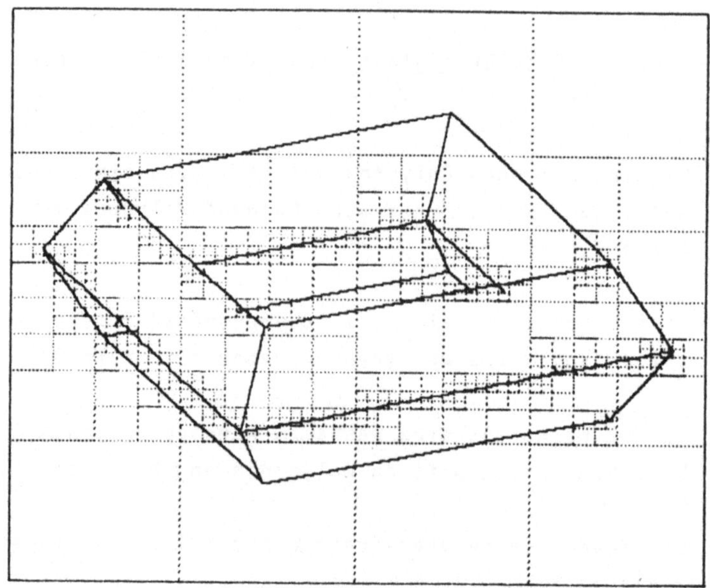

Figur 70

Variationen oder Ergänzungen dieser Bedingungen liefern u.U. bessere Ergebnisse - hier können Sie beliebig experimentieren. Die 4. Bedingung müssen Sie dabei aber immer beibehalten. Wenn sie fehlt, wird an komplizierten Stellen des Bildes unendlich lange (bzw. bis zum Systemzusammenbruch) weiterunterteilt. Hat man außer der 4. Bedingung keine weiteren Abbruchbedingungen, liefert der Warnock-Algorithmus lediglich eine Unterteilung des Bildes in lauter gleichgroße Fenster der Mindestgröße.

Die Einfachheit eines Fensters überprüfen wir mit der Booleschen Funktion einfach.Die Mindestgröße des Fensters für die 4. Bedingung wird durch die globale Variable Aufloesung festgelegt. Geprüft wird nicht die minimale Größe des Fensters, sondern des Bildausschnitts (Abschnitt 2.4). Dies ist sinnvoll, weil der Bildschirm die physikalische Grenze für die feinste sinnvolle Auflösung bestimmt. Es ist sinnlos, einen Bildschirmausschnitt, der nur noch aus einem einzigen Bildpunkt besteht, weiter zu unterteilen, auch wenn das Fenster, das auf diesen Ausschnitt abgebildet wird, noch so groß ist.

```
function einfach(aktiv:MengTyp; BiLi,BiUn,BiRe,BiOb,KantZahl:integer):boolean;
(* D3Pak3 *)

(* Wahr, wenn Szene einfach, d.h. es gilt eine der Bedingungen: *)
(* nur Polygone aus höchstens einem Polytop mit PolNr>1 aktiv *)
(* höchstens ein Polygon mit PolNr=0 aktiv *)
(* höchstens eine Kante im Fenster sichtbar *)

var i,nr,breite,hoehe:integer;
    null,einf:boolean;

begin

   einf:=true; null:=false; nr:=0; i:=1;
   breite:=BiRe-BiLi; hoehe:=BiOb-BiUn;

   if (breite>Aufloesung) and (hoehe>Aufloesung) and (KantZahl>1) then
      while (i<=PolZahl) and einf do begin
         if (i in aktiv) then
            if null then einf:=false
            else
               if (pol[i].PolNr=0) then null:=true
               else
                  if (nr=0) then nr:=pol[i].PolNr
                  else if (nr<>pol[i].PolNr) then einf:=false;
         i:=i+1;
      end;

   einfach:=einf;

end; (* von einfach *)
```

Die Prozedur Warnock führt (unter Verwendung der Prozedur Update und der Funktion einfach) den Warnock-Algorithmus aus. Ihre Parameter FeLI, FeUN, FeRE, FeOB und BiLI, BiUN, BiRE, BiOB definieren das Fenster und den zugehörigen Bildausschnitt. Sie haben dieselbe Bedeutung wie die globalen Variablen FensterLi, BildLi... in Abschnitt 2.3. Der Parameter aktiv enthält die im Fenster aktiven Polygone.

```
procedure Warnock(FeLI,FeUN,FeRE,FeOB,BiLI,BiUN,BiRE,BiOB:integer;
              aktiv:MengTyp); (* D3Pak3 *)

(* FeLi, FeUn, FeRE, FeOB definieren das aktuelle Fenster. *)
(* Die Menge aktiv enthält die Nummern der Polygone, die im Fenster *)
(* der nächsthöheren Rekursionsebene noch aktiv waren. *)
(* Die Prozedur aktualisiert aktiv bzgl. des aktuellen Fensters. *)
(* Sind danach nur noch Polygone eines Polytops (mitPolNr>0) aktiv, *)
(* wird aktuelles Fenster gezeichnet, sonst Unterteilung und rekursiver *)
(* Aufruf von Warnock. *)

var i,j,nr,FeX,FeY,BiX,BiY,KantZahl:integer;
    ok,sicht:boolean;
    va,ve:VektTyp;

begin

   SetzFenster(FeLI,FeUN,FeRE,FeOB);
   SetzBild(BiLI,BiUN,BiRE,BiOB);

   Update(aktiv,KantZahl);

   if einfach(aktiv,BiLi,BiUn,BiRe,BiOb,KantZahl) then begin

   (* Aktuelles Fenster zeichnen *)
      if rahme then Rahmen(1);
      for i:=1 to PolZahl do
         if (i in aktiv) then
            with pol[i] do
               for j:=1 to EckZahl do begin
                  KonvPktVekt(D2Pkt[Ecke[j]],va);
                  KonvPktVekt(D2Pkt[Ecke[(j mod EckZahl)+1]],ve);
                  ClipStrecke(va,ve,sicht);
                  if sicht then Zeichne(va,ve,farbe);
               end;

   end else begin

      (* Unterteilung des aktuellen Fensters in Viertel und Rekursion *)
      FeX:=(FeRE-FeLI) div 2; FeY:=(FeOb-FeUN) div 2;
      BiX:=(BiRE-BiLI) div 2; BiY:=(BiOB-BiUN) div 2;
      (* Teilfenster oben links *)
      Warnock(FeLI,FeUN+FeY,FeLI+FeX,FeOB,
              BiLI,BiUN+BiY,BiLI+BiX,BiOB,aktiv);
      (* Teilfenster oben rechts *)
      Warnock(FeLI+FeX,FeUN+FeY,FeRE,FeOb,
              BiLI+BiX,BiUN+BiY,BiRE,BiOB,aktiv);
      (* Teilfenster unten links *)
      Warnock(FeLI,FeUN,FeLI+FeX,FeUN+FeY,
              BiLI,BiUN,BiLI+BiX,BiUN+BiY,aktiv);
```

```
      (* Teilfenster unten rechts *)
      Warnock(FeLI+FeX,FeUN,FeRE,FeUN+FeY,
              BiLI+BiX,BiUN,BiRE,BiUN+BiY,aktiv);

    end;

  end; (* von Warnock *)
```

Man startet das Verfahren von Warnock nun folgendermaßen:

1. Bestimmung der gewünschten Auflösung über die globale Variable Aufloesung. Entscheidung, ob die Fenstergrenzen gezeichnet werden sollen, über die globale Boolesche Variable rahme.

2. Transformation vom Welt- ins Bildkoordinatensystem mit einer der Prozeduren OrthProj oder ZentProj und Festlegung von Fenster und Bildausschnitt mit der Prozedur StandardFensterBild.

3. Prozeduraufruf SichtTest(-1) und Speicherung der zu Anfang aktiven Polygone in einer globalen Variablen aktiv. (aktiv enthält alle Indizes i mit pol[i].Farbe≥0.)

4. Prozeduraufruf Warnock(FensterLI,FensterUN,FensterRE, FensterOB,BildLI,BildUN,BildRE,BildOB,aktiv).

Die gesamte restliche Arbeit erledigt der rekursive Aufruf der Prozedur Warnock. Am (nicht sehr schnellen) Aufbau des Bildes können Sie dann anschaulich erleben, wie dieses rekursive Verfahren arbeitet. Ein spezielles Demo-Programm für den Warnock-Algorithmus geben wir hier nicht an, weil man das Programm robl aus dem vorigen Abschnitt mit wenigen Handgriffen hierzu modifizieren kann. (Auf der Diskette finden Sie ein Demo-Programm unter dem Namen warn1.)

Zum Schluß noch zwei Bemerkungen zu möglichen Bildfehlern. Da der Inhalt eines minimalen Bildfensters ohne Rücksicht auf Fehler einfach gezeichnet wird, kommen, insbesondere für große Werte der Variablen Aufloesung, gewisse Unsauberkeiten ins Bild (Figur 67). Die Bedingung "$z_{max}(Q') < z_{min}(P')$" mit der wir auf S. 163 das Polygon Q aus $L(F_i)$ gestrichen haben, entfernt nicht alle verdeckten Polygone (warum?). Die Betrachtung des Hauses mit dem Warnock-Algorithmus liefert hierfür Beispiele. Bei Objekten wie dem Haus, bei denen sich die Polygone nicht durchdringen, kann man die stärkere Bedingung "$z_{max}(Q') < z_{max}(P')$" verwenden, die hierfür bessere Ergebnisse liefert.

6.4 Andere Sichtbarkeitsverfahren

In den letzten beiden Abschnitten haben wir zwei sehr unterschiedliche Verfahren zur Lösung des hidden-line-problems behandelt. Damit ist die Vielfalt der Lösungsansätze für dieses Problem aber noch lange nicht erschöpft. Ein wesentlicher Grund für die Entwicklung so vieler verschiedener Sichtbarkeitstests ist der, daß ein allseits befriedigendes "Idealverfahren" zur Lösung des hidden-line-problems bisher nicht bekannt ist (und aller Wahrscheinlichkeit nach auch gar nicht existiert). Die einzelnen Verfahren haben vielmehr alle ihre spezifischen Vor- und Nachteile, die sich je nach Anwendungszweck mehr oder weniger stark auswirken. Es ist also durchaus lohnend, für einen bestimmten Verwendungszweck nach dem am besten angepaßten Verfahren Ausschau zu halten.

Dies wollen wir Ihnen an drei Beispielen demonstrieren (skizzenhaft und ohne Programme). Das erste Beispiel ist eine stark vereinfachte Version des Verfahrens aus Abschnitt 6.2, die für viele Zwecke bereits ausreicht. Das zweite Beispiel ist der sogenannte Maler-Algorithmus; und schließlich beschreiben wir noch ein Verfahren, mit dem man u.a. die Graphen von Funktionen $f(x,y)$ in zwei Variablen (Abschnitt 5.4) effizient darstellen kann.

Mit dem Algorithmus von Roberts kann man sogar Szenen abbilden, bei denen sich Polygone durchdringen (Titelbild). Bei vielen

Anwendungen braucht man das aber gar nicht - etwa, wenn man mit der Prozedur haus1 langweilige Reihenhaussiedlungen entwerfen will. Man kann dann den Algorithmus von Roberts durch ein viel einfacheres Verfahren ersetzen, und zwar nach dem folgenden Prinzip:

> Ist P ein Polygon und [**a**,**b**] eine Strecke, die P nicht schneidet, so erhält man die Projektion des durch P verdeckten Streckenteils [**a**',**b**'] dadurch, daß man die Projektion von [**a**,**b**] mit der Projektion von P schneidet.

Für das Beispiel aus Abschnitt 6.2 wird dies in Figur 60 gezeigt. Am Modell des Schattens S (S. 137) kann man sich klarmachen, daß das Prinzip allgemein gilt.

Die Bestimmung des verdeckten Streckenteils wird hierdurch wesentlich vereinfacht. Man muß nicht mehr zwei LP-Probleme lösen, sondern nur noch eine Problemstellung in der (Projektions-) Ebene behandeln: Berechne die Schnittpunkte einer Strecke [**a**,**b**] mit dem Rand eines konvexen Polygons P. Der Rand von P besteht aus seinen Kanten, also ebenfalls aus Strecken. Ob [**a**,**b**] eine Kante [**c**,**d**] von P schneidet, kann man folgendermaßen prüfen:

Die Strecken [**a**,**b**] und [**c**,**d**] seien in Parameterdarstellung mit Parametern t und s gegeben. Man erhält eine Parameterdarstellung der von [**a**,**b**] aufgespannten Geraden, wenn man die Bedingung fallenläßt, daß s zwischen 0 und 1 liegt. Durch Wegfall der gleichen Bedingung für den Parameter t ergibt sich die Parameterdarstellung der von [**c**,**d**] aufgespannten Geraden. Den Schnittpunkt dieser beiden Geraden kann man dann durch Lösung eines linearen Gleichungssystems in den Variablen t und s berechnen (S. 18). Es liefert die Parameterwerte t_o und s_o des Schnittpunkts. Die Strecken [**a**,**b**] und [**c**,**d**] schneiden sich nun genau dann, wenn $0 \leq t_o \leq 1$ und $0 \leq s_o \leq 1$ gilt.

Nach dieser Methode kann man die Prozedur Roberts in Abschnitt 6.2 durch eine kürzere und einfachere Prozedur ersetzen. Eine korrekte Darstellung des Titelbildes oder von Figur 49 in

Abschnitt 5.1 ist mit diesem abgemagerten Sichtbarkeitstest allerdings nicht mehr möglich. In [1] finden Sie eine Realisierung dieses Verfahrens in FORTRAN.

Bisher haben wir zwei Grundtypen von Sichtbarkeitsalgorithmen kennengelernt: das Verfahren von Warnock, als Beispiel für einen Unterteilungsalgorithmus, und Algorithmen, die die Endpunkte verdeckter Streckenteile explizit ausrechnen, wie das gerade besprochene Verfahren und der Algorithmus von Roberts.

Der Maler-Algorithmus, dem wir uns jetzt zuwenden, repräsentiert einen dritten Grundtyp: Wenn man die Polygone in der "richtigen" Reihenfolge zeichnet, löst sich das Problem der verdeckten Bildteile von selbst...

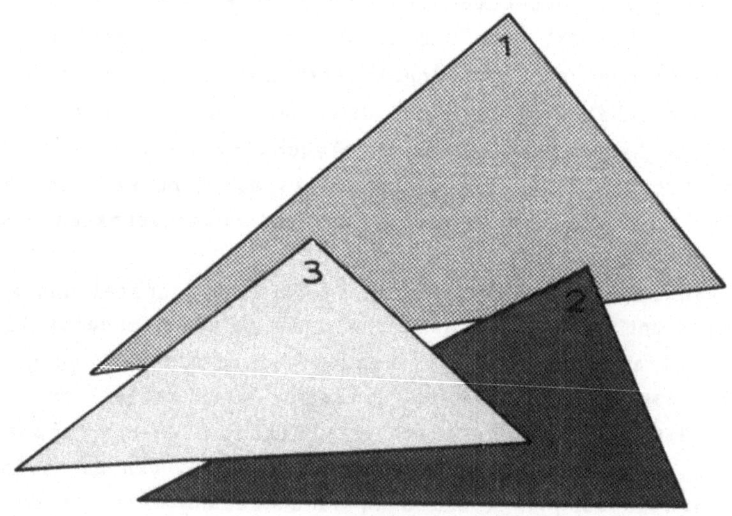

Figur 71

Ein Maler, der die Dreiecke aus Figur 71 mit ölfarbe auf eine Leinwand malen möchte, kann hierbei folgendermaßen vorgehen. Zuerst malt er das am weitesten im Hintergrund liegende Dreieck 1, und zwar vollständig, also auch die Teile, die von den anderen beiden Dreiecken verdeckt werden. Dann malt er das weiter vorne liegende Dreieck 2. Die Teile von Dreieck 1, die von Dreieck 2 verdeckt sind, werden dabei übermalt. Zum Schluß malt er das am weitesten im Vordergrund liegende Dreieck 3. Dabei werden die Teile der Dreiecke 1 und 2, die durch Dreieck 3 verdeckt sind, durch die neue Farbschicht überdeckt. Diese Vorgehensweise des Malers (der dem Algorithmus seinen Namen gibt) kann man unmittelbar auf den Rechner übertragen, denn auf den heute üblichen Rasterbildschirmen überschreibt ja auch ein neuer Bildinhalt den Bildteil, der vorher an dieser Stelle zu sehen war.

In unserem Beispiel haben wir den Maler mit Ölfarbe malen lassen - aus gutem Grund. Hätte er auf einem Skizzenblock nur mit Bleistift die Umrisse der Dreiecke gezeichnet, hätte das Verfahren nicht funktioniert. Die verdeckten Teile der Dreiecke 1 und 2 wären im Innern des Dreiecks 3 weiterhin zu sehen. Damit der Maler-Algorithmus auch auf dem Skizzenblock funktioniert, muß der Maler, jedesmal wenn er ein Polygon gezeichnet hat, sein Inneres (des Polygons, nicht des Malers!) mit einem Radiergummi säubern.

Die Strichgraphik in unserem Buch benutzt den Bildschirm als "Skizzenblock". Bei einer Implementation des Verfahrens muß man sich also noch ein "elektronisches Radiergummi" programmieren, das das Innere eines Polygons z.B. mit lauter Strecken in der Hintergrundfarbe ausmalt. Der Maler-Algorithmus ist deshalb für sogenannte Rastergraphik, bei der die Polygone wie bei einem Ölgemälde ausgemalt werden, noch besser geeignet, als für Strichgraphik. (Mehr darüber in Abschnitt 8.1.) Für die Ansteuerung eines Plotters ist der Maler-Algorithmus natürlich völlig unbrauchbar. (Die Bestückung eines Farbstifts eines Mehrfarbplotters mit einem Radiergummi wäre eine technische Grausamkeit...)

Für Bildschirmgraphik ist der Maler-Algorithmus aber ein verblüffend einfaches Sichtbarkeitsverfahren. Man muß nur die Polygone bezüglich ihrer Tiefe, also ihrer Entfernung zum Beobachter, ordnen und dann in dieser Reihenfolge zeichnen: Das Feld Pol der Polygone muß so sortiert werden, daß für i<j stets

gilt: "Pol[i] verdeckt nichts von Pol[j]". Anschließend wird es beginnend mit Pol[1] abgearbeitet. Diese Sortierung ist allerdings nicht immer so einfach wie in Figur 71, und manchmal geht's auch gar nicht...

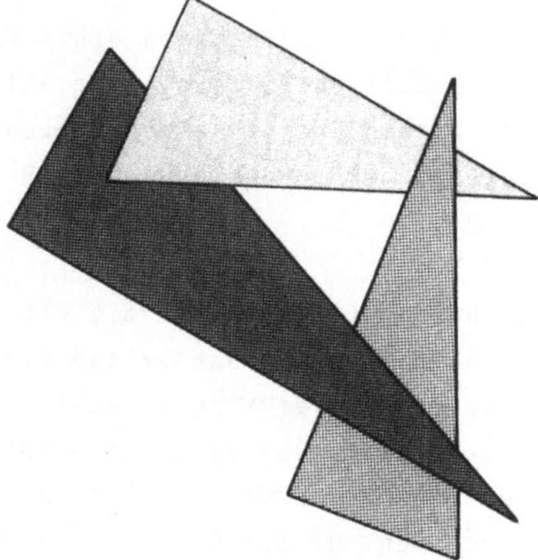

Figur 72

Der Grund für die Schwierigkeiten in Figur 72 liegt in der Relation "Polygon Q verdeckt nichts von Polygon P", nach der die Polygone sortiert werden müssen. Diese Relation hat nämlich bei weitem nicht so schöne Eigenschaften wie z.B. die ≤-Relation für Zahlen. Für drei Zahlen a,b,c mit $a \le b$ und $b \le c$ gilt immer auch $a \le c$ (die Zahlen sind ja fein säuberlich entlang der Zahlengeraden aufgereiht). Figur 72 zeigt, daß die Relation "Q verdeckt nichts von P" diese, Transitivität genannte, Eigenschaft nicht hat.

Nun treten Konfigurationen wie in Figur 72 in der Praxis nicht so häufig auf, so daß man in den meisten Fällen die Polygone in eine für den Maler-Algorithmus geeignete Reihenfolge bringen kann. Das Beispiel zeigt aber, daß die Sortierung der Polygonliste auch dann nicht einfach ist. Die bekannten (und sehr schnellen) Sortierverfahren für Zahlen (vgl. [14]) benutzen nämlich die speziellen Eigenschaften der ≤-Relation, vor allem die Transitivität bzw. die noch stärkere Eigenschaft, daß sich die Zahlen längs der Zahlengeraden "linear" anordnen lassen. Diese Verfahren kommen deshalb für die Sortierung der Polygone nicht in Frage. Man muß vielmehr auf umständlichere Methoden mit erheblich höherem Rechenzeitbedarf zurückgreifen. Wie dies im einzelnen zu machen ist, und wie man überhaupt die Relation "Q verdeckt nichts von P" testen kann, wollen wir hier nicht weiter ausführen.

In einfachen Fällen, wie etwa bei rechteckigen Labyrinthen oder bei 3-dimensionalen Histogrammen (Abschnitt 7.2), kommt man bereits mit einer einfachen Sortierung der Polygone nach ihrer z-Koordinate aus. Hier bietet der Maler-Algorithmus also eine schnelle und einfach zu programmierende Lösung des hidden-line-problems.

Der Bildaufbau beim Maler-Algorithmus sieht etwas eigenartig aus: Man sieht zuerst die im Hinterdrund liegenden Bildteile. Die Polygone im Vordergrund, die meist die interessanteste Bildinformation enthalten, werden erst zum Schluß gezeichnet. Zwischendurch erscheinen verdeckte Bildteile, die anschließend wieder ausradiert bzw. übermalt werden. Bei manchen Anwendungen, wie z.B. bei Simulationen oder Trickfilmen, wirkt das sehr irritierend. In [12] wird deshalb eine Variante des Maler-Algorithmus angegeben, die diesen Nachteil vermeidet, indem sie das Bild zeilenweise von oben nach unten aufbaut. Dort finden Sie weiterhin einen Vorschlag, wie man den Maler-Algorithmus so modifizieren kann, daß er auch Figur 72 noch korrekt zeichnet. Dies erfordert allerdings einen recht hohen Programmaufwand.

Die Graphiken in diesem Buch sind aus ebenen Polygonen aufgebaut. "Runde" Objekte, wie die Rotationskörper in Abschnitt 5.2 und den Funktionsgraphen aus Abschnitt 5.4, können wir angenähert darstellen, indem wir sie in viele kleine Polygone zerlegen. Bei der Darstellung von Funktionsgraphen zeigen sich aber bereits Grenzen dieses Vorgehens. Wir müssen "Vierecke" bilden, deren Ecken oft gar nicht in einer Ebene liegen (Abschnitt 5.4). Für solche Vierecke funktioniert unser Sichtbarkeitstest nur noch näherungsweise.

Ein weiterer Nachteil besteht darin, daß man das Gitternetz des Funktionsgraphen nicht dadurch strukturieren kann, daß man Gruppen von Polygonen unter gleicher PolNr zu "Polytopen" zusammenfaßt. Alle Polygone werden vielmehr durch PolNr=0 als "frei schwebend" gekennzeichnet, denn man kann einen Funktionsgraphen ja sowohl von unten als auch von oben betrachten. Durch diesen Mangel an Struktur verlängert sich die Rechenzeit erheblich - was Sie beim Spielen mit robl sicher schon bemerkt haben.

Wir haben es hier also mit einer Anwendung zu tun, für die unsere Darstellungsverfahren nur bedingt geeignet sind. Als erste Verbesserung wird man versuchen, ein "runderes", dem tatsächlichen Verlauf des Graphen besser angepaßtes Gitternetz herzustellen. Dies erreicht man dadurch, daß man die Netzlinien Punkt für Punkt jeweils durch Berechnung des Funktionswertes zeichnet. Das Gitternetz ist dann ein Teil des Funktionsgraphen.

Will man den Funktionsgraphen mit verdeckten Linien darstellen, darf ein Punkt einer Netzlinie nur dann gezeichnet werden, wenn er nicht verdeckt ist. Die Sichtbarkeit eines Punktes kann man mit der folgenden Sichtstrahlmethode entscheiden:

> Ist **p** das Auge des Beobachters und **x** ein Punkt des Funktionsgraphen, so ist **x** genau dann von **p** aus sichtbar, wenn die Strecke [**p**,**x**] mit dem Funktionsgraphen außer **x** keinen weiteren Schnittpunkt hat.

Die Funktion f, um deren Graphen es geht, ist durch eine Funktionsgleichung $z=f(x,y)$ gegeben, die die z-Koordinate eines Punktes des Graphen in Abhängigkeit von der x- und y-Koordinate ausdrückt. Die Schnittpunkte des Sichtstrahls mit dem Funktionsgraphen erhält man nun dadurch, daß man die Punkte von [**p**,**x**] in Parameterdarstellung ausdrückt, in die Funktionsgleichung einsetzt und daraus die Parameterwerte der Schnittpunkte berechnet. Wenn Sie das bei dem einfachen Beispiel $z = f(x,y) = \sqrt{x^2 + y^2}$ (der Graph ist eine Halbkugel) versuchen, müssen Sie eine quadratische Gleichung für den Parameter t lösen. Die Berechnung der Schnittpunkte macht hier also keine prinzipiellen Schwierigkeiten. Die Funktion aus Abschnitt 5.4 (und fast alle anderen Funktionen auch) führt aber auf komplizierte Gleichungen, die man meist nicht mehr lösen kann.

Bei der praktischen Anwendung der Sichtstrahlmethode rechnet man die Schnittpunkte deshalb nicht aus, sondern macht sich das folgende Prinzip zu nutze (das wir in ähnlicher Weise bereits bei Ebenen und Halbräumen kennengelernt haben):

> Der Graph einer Funktion f teilt den Raum in zwei Hälften, die Punkte (x,y,z) oberhalb des Funktionsgraphen, für die $z \geq f(x,y)$ gilt, und die Punkte unterhalb des Graphen, die durch $z \leq f(x,y)$ gekennzeichnet sind.

Man testet nun, welche der beiden obigen Ungleichungen für den Punkt **p** und für einen Punkt auf [**p**,**x**], der nahe bei **x** liegt, gelten. Hat man einmal den $\leq$- und einmal den $\geq$-Fall, so ist **x** nicht sichtbar, denn zwischen "$\leq$" und "$\geq$" muß auch der Fall "=" auftreten, also ein Schnittpunkt des Sichtstrahls mit dem Funktionsgraphen.

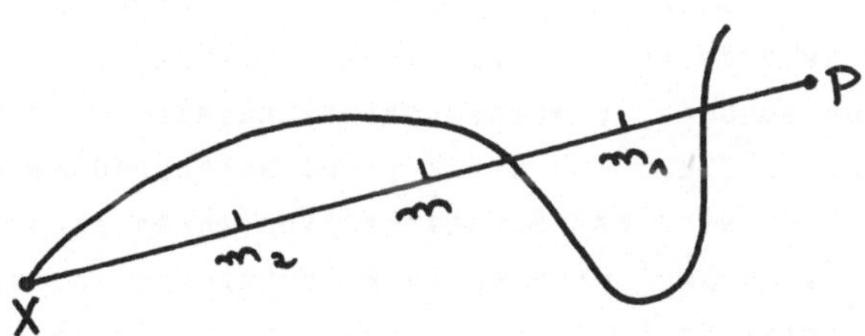

Figur 73

Stellt man dahingegen fest, daß in beiden Testpunkten dieselbe Ungleichung z.B. "$\leq$" erfüllt ist, kann man daraus noch nicht schließen, daß **x** sichtbar ist, denn [**p**,**x**] kann den Funktionsgraphen ja mehrere Male schneiden (Figur 73). Man testet dann die Ungleichungen für den Mittelpunkt **m** von [**p**,**x**]. Gilt dort "$\geq$", ist x nicht sichtbar, andernfalls testet man die Mittelpunkte m_1 und m_2 der Teilstrecken [p,m] und [m,x]. Dies Verfahren setzt man solange fort, bis man entweder x als nicht sichtbar erkannt hat, oder die Unterteilung von [p,x] so fein ist, daß kein Schnittpunkt mehr zu erwarten ist.

Auf diese Weise kann man die Graphen von Funktionen in zwei Variablen mit verdeckten Linien zeichnen. Damit dies wirklich funktioniert, muß man an die Funktion noch einige Ansprüche stellen, z.B. daß sie stetig ist. Diese Bedingungen sind in sehr vielen Fällen erfüllt. Wenn man kompliziertere Funktionen mit dem Computer darstellen will, ohne dabei böse Überraschungen zu erleben (z.B. Programmausstieg durch zu große Funktionswerte oder Division durch Null), sollte man die Funktionsgleichung allerdings nicht blindlings eingeben, sondern zuvor versuchen, die Funktion zu "verstehen". Viele Begriffe, die man aus der "Kurvendiskussion" von Funktionen in einer Variablen kennt (Minima, Maxima, Nullstellen, Polstellen etc.) findet man auch im Fall von zwei Variablen wieder. Manch einen Fehler, der beim Zeichnen der Funktion mit dem Rechner auftritt, kann man damit voraussagen oder zumindest hinterher erklären.

Eine Besonderheit zeichnet das Sichtstrahlverfahren gegenüber allen bisher behandelten Sichtbarkeitsverfahren aus - es arbeitet nicht im Bild- sondern im Weltkoordinatensystem. Die Funktion f wird ja durch die Gleichung z=f(x,y) im Weltkoordinatensystem beschrieben. Dort wird das Sichtstrahlverfahren angewandt. Ist der Bildpunkt sichtbar, wird er in Bildschirmkoordinaten transformiert und gezeichnet. (Den Zwischenschritt des Bildkoordinatensystems kann man sich hier sparen.)

Das Sichtstrahlverfahren ist sehr gut für die Implementation auf Mikrocomputern geeignet, weil es praktisch keinen Speicherplatz benötigt. Besonders schnell ist es allerdings nicht, weil ja sehr viele Funktionswerte ausgerechnet werden müssen, was bei komplizierten Funktionen eben seine Zeit braucht. Deshalb zeichnet man die Linien des Gitternetzes meist nicht wirklich Punkt für Punkt, sondern wählt eine größere Schrittweite und interpoliert die

Linie zwischen zwei Punkten durch eine Strecke. Die Sichtbarkeit testet man nur für die Endpunkte der Strecke und nimmt an, daß sie insgesamt sichtbar ist, wenn man ihre beiden Endpunkte sieht.

Das Sichtstrahlverfahren eignet sich übrigens nicht nur zur Darstellung von Funktionsgraphen, sondern auch für andere durch Gleichungen definierte Flächen. In [7] finden Sie hierzu eine große Anzahl von Beispielen und Programmen.

In diesem Kapitel haben wir die wesentlichen Sichtbarkeitsverfahren für Strichgraphik kennengelernt. Im Abschnitt 8.1 gehen wir noch kurz auf spezielle Verfahren für Rastergraphik ein. Wie Sie sehen, ist die Vielfalt der Methoden recht groß. Die Verfahren lassen sich darüber hinaus auf verschiedene Weisen variieren und miteinander kombinieren, so daß es eine Fülle von Lösungen des hidden-line-problems gibt, aus der man sich für die jeweilige Anwendung eine passende heraussuchen kann.

7. Anwendungen und Projekte

In diesem Kapitel wollen wir Möglichkeiten zur Verbesserung und Erweiterung der Graphikprogramme aufzeigen und einige Beispiele für weitere Anwendungen geben. Besonderes Augenmerk richten wir dabei auf die (dringend notwendige) Reduzierung der Rechenzeit und auf Computergraphik als Projektthema im Informatikunterricht an Schulen.

Im Mittelpunkt von Abschnitt 7.1 stehen Möglichkeiten zur Reduktion des Rechenzeitbedarfs. Abschnitt 7.2 enthält Vorschläge zur praktischen Nutzung unserer Graphikroutinen. Dabei ergeben sich eine Reihe von Wünschen nach Programmerweiterungen, die sich vielfach mit einfachen Modifikationen erreichen lassen. Abschnitt 7.3 ist dem Thema "Computergraphik im Informatikunterricht" gewidmet. Wir machen zunächst Vorschläge für Graphikprojekte, die sich auf relativ niedrigem Niveau durchführen lassen. Dann stellen wir an Hand eines Rückblicks auf Fragen, die in den vergangenen Kapiteln aufgetaucht (und teilweise offen geblieben) sind, einige anspruchsvollere Projektthemen vor.

Aus Platzgründen können wir Ihnen keine fertigen Programme zu den Themen dieses Kapitels angeben. Die meisten unserer Vorschläge können Sie aber durch relativ kleine Änderungen der Programme aus den vorherigen Kapiteln leicht (?) selbst realisieren.

7.1 Reduktion der Rechenzeit

Wenn Sie schon versucht haben, mit dem Programm rob1 größere Objekte, wie z.B. einen Rotationstorus mit 20-eckigem Querschnitt und Rotationswinkel 9° (800 Vierecke), mit Unterdrückung der verdeckten Linien zu zeichnen, haben Sie sich bereits über die langen Rechenzeiten geärgert. Wenn Sie das noch nicht probiert haben, tun Sie's jetzt! Während Ihr Computer blockiert ist, haben Sie etwas Zeit, um diesen Abschnitt zu lesen...

Die Programme der vorangegangenen Kapitel verfolgen vor allem zwei Ziele. Zum einen sollen sie die grundsätzliche Wirkungsweise der besprochenen Verfahren demonstrieren, ohne daß der Blick auf das Wesentliche durch allzu viele Schnörkel und Raffinessen verstellt wird. Zum anderen sollen sie auch auf Rechnern mit geringer Speicherkapazität ablauffähig sein. Deshalb haben wir dort weitgehend auf Tricks zur Optimierung der Rechenzeit verzichtet.

Wir zeigen jetzt, am Beispiel der Programme aus Abschnitt 6.2, wie man durch etwas zusätzlichen Programmieraufwand und Einsatz von weiterem Speicherplatz erhebliche Verbesserungen hinsichtlich der Rechenzeit erzielen kann. Am Ende des Abschnitts geben wir noch einen Ausblick auf anspruchsvollere Verfahren, die zwar aufwendig in der Programmierung sind, aber bei der Darstellung umfangreicher Szenen weitere Rechenzeitvorteile bringen.

Bei der Konzipierung der Prozeduren in Abschnitt 6.2 war bereits klar, daß eine reine Anwendung des Roberts-Algorithmus - teste jede Kante gegen jedes Polygon durch Lösung von zwei LP-Problemen - zu unvertretbar langen Rechenzeiten führen muß. Deshalb haben wir dort schon zwei Vortests eingeführt (S. 149ff): Die Funktion InPol nutzt die Strukturierung der Szene durch Konvexität, die Funktion Ueberlapp trägt der Tatsache Rechnung, daß "weit voneinander entfernte" Bildteile sich nicht gegenseitig verdecken können. Die dennoch unbefriedigenden Rechenzeiten können zwei verschiedene Ursachen haben:

1. Die Vortests sind nicht effizient, d.h. sie schließen nicht genügend (überflüssige) Aufrufe des eigentlichen Roberts-Algorithmus aus, oder sie benötigen selbst zuviel Rechenzeit.

2. Der Roberts-Algorithmus selbst ist so aufwendig, daß er trotz relativ weniger Aufrufe den wesentlichen Teil der Rechenzeit beansprucht.

Plausibel erscheint zunächst der zweite Grund, denn die Prozedur SichtTeil führt ja umfangreiche Rechnungen in (zeitaufwendiger) Gleitkommaarithmetik aus. Demnach wäre eine erhebliche Rechenzeitersparnis zu erwarten, wenn man etwa auf einem IBM PC zusätzlich den Arithmetikprozessor 8087 einsetzt. Das enttäuschende Ergebnis (Ersparnis in der Größenordnung von 15%) läßt ahnen, daß in Wahrheit doch der erste Grund die Hauptverantwortung für die Rechenzeit trägt.

Um sich hierüber Klarheit zu verschaffen, kann man Variable ins Programm einfügen, die zählen, wie oft die einzelnen Prozeduren und Funktionen aufgerufen werden. In der folgenden Tabelle haben wir dies für drei Beispiele getan: Haus A (Haus, betrachtet aus Blickrichtung Φ=60°, θ=70°), Haus B (Haus, betrachtet aus Blickrichtung Φ=30°, θ=20°) und Torus (Rotationstorus mit 10-eckigem Querschnitt und Rotationswinkel 18°, betrachtet aus Blickrichtung Φ=30°, θ=70°). Man sieht, daß in der Tat eine Zeitersparnis vor allem im Bereich der Vortests zu erzielen ist. Dies werden wir im folgenden tun, indem wir einerseits die Anzahl der Aufrufe von Ueberlapp reduzieren und andererseits diese Funktion selbst schneller machen. Weiterhin vermeiden wir, daß Kanten zweimal gezeichnet werden, indem wir die bereits gezeichneten Kanten protokollieren. Ein Vergleich der Rechenzeiten in den beiden letzten Zeilen der Tabelle zeigt, daß man den Programmablauf damit tatsächlich wesentlich beschleunigen kann.

	Haus A	Haus B	Torus
InPol	1620	2667	39343
Ueberlapp	1384	2154	34308
SichtTeil	191	40	283
Zeit 1	55 s	44 s	10:33 min
Zeit 2	34 s	20 s	1:51 min

Zu Beginn der Funktion Ueberlapp werden jeweils die minimalen und maximalen Koordinaten der Ecken des Polygons Pol[j] ermittelt. Das führt zu einer häufigen Neuberechnung dieser Werte, denn Pol[j] wird ja mit vielen verschiedenen Kanten verglichen. Diesen unnötigen Aufwand vermeidet man, indem man die Berechnung zu

Beginn der Prozedur HiddenLine (gleich nach dem Aufruf von SichtTest) für alle (sichtbaren) Polygone einmal durchführt und die Ergebnisse in einer globalen (oder bzgl. HiddenLine lokalen) Variablen abspeichert. Ueberlapp greift dann auf diese Variable zu, anstatt die Werte von min und max jedesmal neu zu berechnen. Bei 1000 Polygonen (MaxPolZahl=1000) wird hierfür ca. 12K zusätzlicher Speicherplatz für 6000 Zahlen vom Typ integer benötigt.

Am Anfang von Ueberlapp werden ebenfalls die minimalen und maximalen Koordinaten der Endpunkte der getesteten Strecke bestimmt. Diese Berechnung kann man an den Anfang der Prozedur Roberts verlagern, so daß sie nicht für jedes Polygon, das mit der Strecke verglichen wird, neu gemacht werden muß. Hierfür ist kein zusätzlicher Speicherplatz erforderlich.

Durch diese beiden Verbesserungen wird die Funktion Ueberlapp bereits wesentlich beschleunigt. Die erste ist ein Beispiel dafür, daß man durch Einsatz von zusätzlichem Speicherplatz Rechenzeit sparen kann. Von dieser Möglichkeit (die sich beim Programmieren oft bietet) kann (und sollte) man inzwischen großzügig Gebrauch machen, weil sich die Speicherkapazität im Mikrocomputerbereich in den letzten Jahren schneller entwickelt hat als die Rechengeschwindigkeit. Die zweite Verbesserung erzielt man ohne zusätzlichen Speicheraufwand einfach dadurch, daß man einen Programmabschnitt innerhalb des Programms verlagert. Die Lesbarkeit des Programms (leicht durchschaubarer modularer Aufbau) wird hierdurch allerdings meist gestört, so daß man solche "Verbesserungen" nicht zu weit treiben sollte. Das Ergebnis kann sonst leicht ein zwar sehr schnelles, aber völlig undurchsichtiges Programm sein, in dem sich selbst der "Erfinder" nicht mehr zurechtfindet.

Die Funktion Ueberlapp testet noch einen weiteren Fall, nämlich den, daß die Strecke $[\mathbf{a},\mathbf{b}]$ vor dem Polygon P liegt, und deshalb nicht durch P verdeckt werden kann. Dies ist der Fall, wenn $z_{min}([\mathbf{a},\mathbf{b}]) > z_{max}(P)$ ist. Diesen Test können wir wiederum aus der Prozedur Ueberlapp auslagern. Wir verwenden ihn stattdessen für eine bessere Abbruchbedingung in der Prozedur Roberts, mit der wir die Anzahl der Aufrufe von Ueberlapp merklich reduzieren. Hierzu gehen wir folgendermaßen vor: Nachdem wir z_{max}(Pol[j]) zu Beginn der Prozedur HiddenLine für alle Polygone Pol[j] berechnet haben, sortieren wir das Feld Pol nach fallendem z_{max}(Pol[j]). Hierfür kann man ein beliebiges Sortierverfahren (vgl. [14]) verwenden. In der Prozedur Roberts wird die Strecke [**a**,**b**] gegen alle Polygone getestet - Abbruchbedingung:

```
while (j<=PolZahl) ...
```

Nachdem wir das Feld Pol sortiert haben, können wir diese Abbruchbedingung durch

while (z_{min}([**a**,**b**]) $\leq$ z_{max}(P)) ...

ersetzen. [**a**,**b**] wird dann gar nicht erst gegen die Polygone getestet, die hinter dieser Strecke liegen, die [**a**,**b**] also ohnehin nicht verdecken können.

Diese dritte Verbesserung unseres Programms ist von anderer Art als die beiden ersten: Man treibt zunächst zusätzlichen (Rechenzeit-) Aufwand, indem man das Feld Pol sortiert. Anschließend spart man Rechenzeit ein, weil das Programm auf der durch die Sortierung vorbereiteten Datenstruktur effizienter arbeitet. (Daß man per Saldo wirklich Rechenzeit einspart, können Sie selbst ausprobieren.) Dieses Schema zur Beschleunigung des Programmablaufs ist typisch für viele moderne Algorithmen (nicht nur) in der Computergraphik: Durch ein Vorprogramm ("preprocessing") bereitet man die Ausgangsdaten so auf, daß das anschließende Programm zur Lösung des eigentlichen Problems erheblich schneller arbeitet.

Bei vielen unserer graphischen Darstellungen treten Kanten auf, die in zwei sichtbaren Polygonen P und Q liegen. Solche Kanten werden auch zweimal auf Verdeckung untersucht - ein überflüssiger Aufwand. Dies kann man dadurch vermeiden, daß man in einer globalen Variablen protokolliert, welche Kanten bereits gezeichnet worden sind. Ein Test dieser Variablen, aufgerufen in der Prozedur HiddenLine, verhindert dann die doppelte Behandlung von Kanten. Wir haben hier also ein weiteres Beispiel dafür, daß man durch Einsatz zusätzlicher Speicherkapazität Rechenzeit sparen kann.

Auf den ersten Blick erscheint ein Boolesches Feld der Größe MaxD2PktZahl x MaxD2PktZahl zur Protokollierung der gezeichneten Kanten geeignet: Man trägt an der Stelle (i,j) den Wert true ein, wenn die Kante [i,j] gezeichnet wurde. Für 1000 Punkte, d.h. MaxD2PktZahl=1000, benötigt man dann aber bereits 1 Megabyte Speicherplatz. Um Platz zu sparen, nehmen wir an, daß in jedem Punkt nur eine kleinere Anzahl von Kanten zusammenstößt. Für die meisten praktischen Anwendungen reicht es aus, wenn wir diese Anzahl auf höchstens sechs begrenzen. Die gezeichneten Kanten können wir dann in einem integer-Feld der Größe MaxD2PktZahl x 6 abspeichern: An den Stellen (i,1),..., (i,6) tragen wir für die gezeichneten Kanten, deren einer Endpunkt i ist, jeweils die Nummer des anderen Endpunkts ein. Wird also beispielsweise zuerst die Kante [7,12] gezeichnet, so wird an der Stelle (7,1) die Zahl 12 ins Feld geschrieben. (Konsequenterweise müßte man auch noch die Zahl 7 an der Stelle (12,1) eintragen. Dieser doppelte Eintrag ist aber natürlich überflüssig - und auch leicht vermeidbar...)

Mit diesen Programmodifikationen haben wir die Rechenzeitverkürzungen in der Tabelle auf S.184 erzielt. Die Zeiten beziehen sich auf einen Ablauf des Programms rob1 unter TURBO-PASCAL auf einem IBM PC ohne Arithmetikprozessor (Zeit 1 = ursprüngliche Version , Zeit 2 = modifizierte Version). Wie groß der Anteil der einzelnen Verbesserungen am Gesamterfolg ist, können Sie experimentell ermitteln, indem Sie zunächst nur einige davon implementieren. Wenn Sie die Programme gründlich durchforsten, werden Sie sicher auch noch weitere Verbesserungsmöglichkeiten entdecken.

Die Sortierung der Polygone ist wohl die interessanteste unserer Programmverbesserungen. Fast alle hidden-line-Algorithmen zur

Darstellung umfangreicherer Szenen benutzen (mehr oder weniger gut erkennbar) Sortierverfahren, um Rechenzeit zu sparen. Deshalb wollen wir dies Thema hier noch etwas ausbauen.

Die Sortierung der Polygone nach ihrer Tiefe im Bild (d.h. im Bildkoordinatensystem nach fallender z-Koordinate) spart natürlich besonders viel Rechenzeit, wenn die Szene in dieser Richtung sehr ausgedehnt ist. Bei Szenen, die sich weniger in die Tiefe ausdehnen, sondern mehr in x- und y-Richtung ist eine Sortierung nach einer dieser beiden Koordinaten vorteilhafter. (Die Funktion Ueberlapp muß man dann natürlich auch entsprechend verändern.) Wir können hierfür sogar ein Sortierverfahren konstruieren, mit dem man "gleichzeitig in x- und y-Richtung sortieren" kann. Es ist ein Unterteilungsverfahren, das nach einem ähnlichen Grundprinzip arbeitet wie der Algorithmus von Warnock (Abschnitt 6.3):

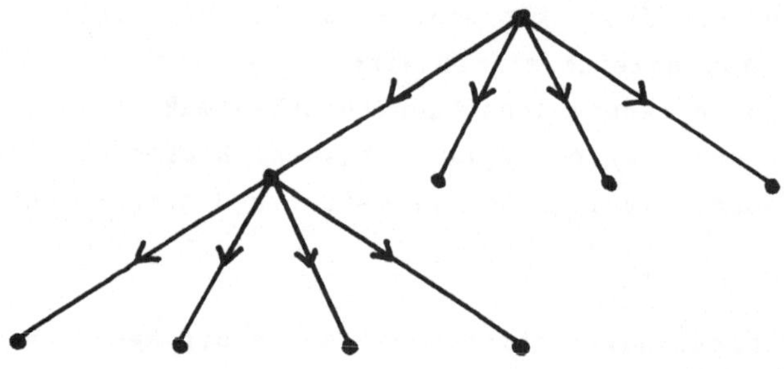

Figur 74

Die Aufteilung des Bildes beim Warnock-Algorithmus läßt sich schematisch in einem Diagramm aus Punkten (auch Knotenpunkte oder Knoten genannt) und Pfeilen darstellen, einem sogenannten Baum. Die Knoten symbolisieren die Teilfenster, die Pfeile zeigen die Beziehungen zwischen ihnen an. Figur 74 zeigt den Baum zu Figur 65. Der oberste Knotenpunkt (Wurzel genannt) symbolisiert den gesamten Bildschirm. Wird ein Fenster in Teilfenster unterteilt, so zeigen vier Pfeile auf diese vier Teilfenster. (In der

Mathematik wachsen die Bäume nicht in den Himmel, sondern meist von oben nach unten.)

Daß ein Pfeil auf einen Knotenpunkt zeigt, kann man in PASCAL übrigens wörtlich nehmen: Bäume lassen sich sehr hübsch mit Zeigervariablen realisieren und mit rekursiven Prozeduren aufbauen und bearbeiten. In [4] und [14] finden Sie Beispiele hierzu.

Zur Sortierung können wir Bäume auf folgende Weise einsetzen. Anstatt die Polygone in einem Feld (etwa nach ihrer maximalen z-Koordinate) zu sortieren, ordnen wir sie nach dem Vorbild des Warnock-Algorithmus in einem Baum an: Für jedes Polygon bestimmen wir das kleinste Fenster (im Sinne der "Warnock-Unterteilung"), in dem das Polygon noch vollständig zu sehen ist. An dem Knoten des Baumes, der diesem Fenster entspricht, wird das Polygon gespeichert. Einen solchen Knoten kann man durch eine PASCAL-Variable des Typs

```
KnotenTyp = record
              pol : array [1..20] of PolTyp;
              LiOb,ReOb,LiUn,ReUn : ^KnotenTyp;
            end;
```

realisieren. Die Polygone werden im Feld pol gespeichert, die Zeiger LiOb, ReOb, LiUn und ReUn repräsentieren die vier Pfeile zu den Nachfolgeknoten im Baum. (Bei einer praktischen Realisierung wird man allerdings die Polygone nicht in einem Feld speichern, sondern auch in einer dynamischen Struktur, etwa in einer (durch Zeiger) verketteten Liste, denn die Anzahl der Polygone wird an den verschiedenen Knoten des Baumes meist sehr unterschiedlich ausfallen.)

Eine Kante $[\mathbf{a},\mathbf{b}]$ muß nun nur noch gegen die Polygone auf Verdeckung getestet werden, die an einem Knoten K_P des Baumes gespeichert sind, dessen Fenster die Kante $[\mathbf{a},\mathbf{b}]$ schneidet. Man beginnt also mit dem Test an der Wurzel des Baumes und verzweigt jeweils dann (in Pfeilrichtung) zu einem Nachfolgeknoten, wenn die Kante im Fenster dieses Knotens zu sehen ist. Ein großer Teil der Polygone, die wir bisher mit der Prozedur Ueberlapp ausgeschieden haben, muß damit gar nicht erst getestet werden.

Bei einem solchen Baum gehen von jedem Knoten vier Pfeile aus (oder gar keiner). Er wird deshalb häufig als quad-tree bezeichnet. Ein quad-tree liefert also eine Sortierung der Polygone, die gleichzeitig in x- und y-Richtung wirkt. Die Polygonlisten an jedem einzelnen Knoten kann man dann noch in z-Richtung sortieren, um die Anzahl der Tests "Kante gegen Polygon" weiter zu reduzieren.

Eine 3-dimensionale Variante dieses Unterteilungsverfahrens liefert direkt eine Sortierung in allen drei Raumrichtungen. An Stelle von Fenstern arbeitet man dabei mit Quadern, deren Kanten parallel zur x-, y- und z-Achse sind. Man beginnt mit einem Quader, der die ganze Szene umfaßt, und verfeinert jeweils in acht Teilquader. Beim hierbei aufgebauten Baum zeigen jeweils acht Pfeile von einem Knotenpunkt zu den Nachfolgeknoten. Er wird deshalb als oct-tree bezeichnet.

7.2 Anwendungen

Die Graphikprozeduren dieses Buches lassen sich in vielfältiger Weise zu Programmen für praktische Anwendungen kombinieren. Dies werden wir jetzt an Beispielen vorführen. Anschließend machen wir noch einige Bemerkungen zu kommerziellen Graphikprogrammen und zu Verbesserungen unserer Programme.

Bei der Generierung graphischer Objekte in Kapitel 5 sind wir bereits einem Grundprinzip gefolgt, daß man auch bei den meisten kommerziellen Graphiksystemen antrifft: Beim interaktiven Aufbau von Graphikszenen werden die Objekte nicht Ecke für Ecke und Polygon für Polygon konstruiert, sondern aus etwas größeren Grundbausteinen zusammengesetzt. Diese Grundbausteine, wie z.B. das Haus oder die platonischen Körper, lassen sich durch wenige

Parameter (Größe, Drehwinkel etc.) manipulieren, so daß man mit ihnen auch größere Szenen schnell aufbauen kann.

Viele individuelle Graphikanwendungen können Sie nun nach folgendem Schema selbst programmieren:

1. Legen Sie den für Ihre Anwendung "maßgeschneiderten" Satz von graphischen Grundbausteinen fest.

2. Schreiben Sie (nach dem Muster von Kapitel 5) Prozeduren, die Ihre Graphikbausteine erzeugen.

3. Binden Sie die Prozeduren aus 2. mit den Programmpaketen D2Pak2, D3Pak1 und D3Pak2 (oder D3Pak3) zu einem interaktiven Programm zusammen (wie z.B. rob1 am Ende von Abschnitt 6.2).

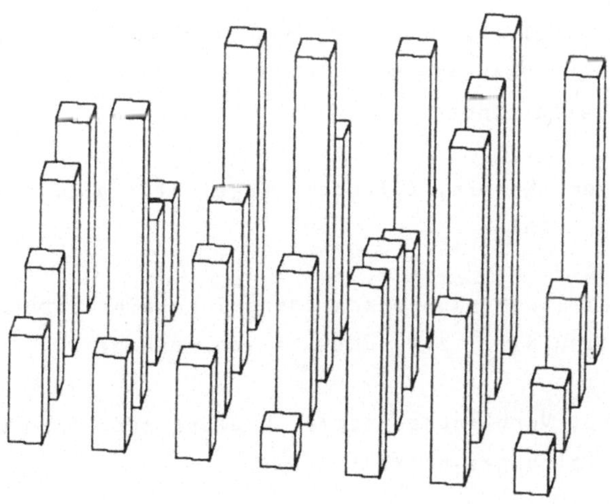

Figur 75

Ein erstes, sehr einfaches Beispiel ist die Erstellung 3-dimensionaler Histogramme (Säulendiagramme), mit denen man Entwicklungen veranschaulichen kann, die von zwei Variablen abhängen, wie etwa der Verkaufserfolg von 4 verschiedenen Produkten in 7 aufeinanderfolgenden Jahren (Figur 75).

1. Man braucht nur einen einzigen Grundbaustein, nämlich eine "Säule".

2. Eine Prozedur, die eine Säule erzeugt, bekommt man durch Modifikation der Prozedur MachWuerfel aus Abschnitt 5.1. Man muß nur noch einen zusätzlichen Parameter h einführen, der die Höhe der Säule bestimmt.

3. Ein Programm zur Darstellung von Histogrammen könnte dann so aussehen: Zuerst werden die Daten eingelesen und in einem Feld der Größe 7x4 gespeichert. Dann werden die 28 Säulen von der Prozedur aus 2. erzeugt. Schließlich wird das Histogramm aus einem festen Blickwinkel (mit verdeckten Linien) gezeichnet. (Eine Auswahlmöglichkeit für verschiedene Blickrichtungen wie in rob1 ist für diese Anwendung überflüssig.)

Für anspruchsvollere Graphiken benötigt man natürlich eine größere Anzahl verschiedener Graphikbausteine. Einige Anwendungsfälle sind:

- Quader, Kugeln, Zylinder, Kegel (für allgemeine Graphiken)

- Möbel (wenn man verschiedene Inneneinrichtungen darstellen will, z.B. Entwurf von Küchen)

- Rohre, Verbindungsstücke, Krümmer etc. (zum Entwurf von Rohrleitungssystemen)

Beim letzten Beispiel kann man das Sichtbarkeitsverfahren von Roberts noch für einen zusätzlichen Test einsetzen. Beim Entwurf von Rohrleitungssystemen ist es natürlich wichtig, daß Leitungen sich nicht gegenseitig durchstoßen. Durchstoßpunkte werden beim Roberts-Algorithmus durch LP-Lösungen angezeigt, bei denen der Parameter t den Wert 0 hat (S. 153). Den Entwurf eines Rohrleitungssystems kann man deshalb auf seine Funktionsfähigkeit testen, indem man den Roberts-Algorithmus ohne den Vortest aus Abschnitt 6.1 aufruft. Eine LP-Lösung mit t=0 zeigt dann eine verbotene Durchdringung an.

Graphikbausteine, die durch feste Prozeduren erzeugt werden und nur durch wenige Parameter manipuliert werden können, reichen für manche Anwendungen nicht aus. Wenn Sie etwa Siedlungen entwerfen, möchten Sie sicherlich nicht nur auf ein oder zwei fest vorgegebene Haustypen beschränkt sein, sondern zunächst einmal Ihre eigenen Häuser herstellen. Diese Häuser könnte man mit einem getrennten Programm entwerfen und als Graphikbausteine auf Diskette abspeichern.

Kommerzielle Graphiksysteme nutzen die Strukturierung einer Szene durch Graphikbausteine häufig zum Aufbau einer "Graphiksprache", d.h. einer speziellen Programmiersprache zur Beschreibung von Graphiken. Wenn z.B. in einem 2D-System Kreise als Grundbausteine zur Verfügung stehen, kann man das Zeichnen eines Kreises mit Mittelpunkt (4,5) und Radius 10 in der Graphiksprache durch die Anweisung Kreis(4,5,10) ausdrücken. Eine solche Graphiksprache kann man sich in PASCAL selber schreiben. In [12] sind einige Prinzipien zusammengestellt, die man hierbei beachten sollte. Die Programmierung eines Graphiksystems, das einen solchen Komfort bietet, ist allerdings enorm aufwendig.

Die meisten kommerziellen Graphiksysteme für Mikrocomputer, wie z.B. AutoCad, sind weitgehend auf 2D-Graphiken beschränkt (leisten dort aber Beträchtliches). Die Graphikprogramme dieses Buches kann man hier als Erweiterung in den 3D-Bereich nutzen. Kommerzielle Systeme bieten nämlich oft ein spezielles Datenübertragungsformat an, mit dem man Fremdgraphiken übernehmen kann. Mit unseren Programmen erstellte 3D-Graphiken lassen sich dann mit den Möglichkeiten dieser Programme weiterbearbeiten (Schraffuren, Beschriftungen, Bemaßungen etc.).

Am Ende dieses Abschnitts wollen wir noch auf zwei einfache Verbesserungsmöglichkeiten unserer Programme hinweisen, die für die obigen Anwendungen nützlich sind.

Manchmal ist es sinnvoll, daß gewisse Kanten eines Polygons nicht gezeichnet werden, auch wenn sie sichtbar sind. Dies ist z.B. der Fall, wenn man das nicht-konvexe Fünfeck aus Figur 12 darstellt, indem man es durch zwei Diagonalen in drei Dreiecke zerlegt. Kanten, die prinzipiell nicht gezeichnet werden sollen, kann man durch eine einfache Ergänzung der Variablen Pol (Abschnitt 3.2) bezeichnen. Unsichtbare Kanten müssen natürlich auch nicht auf Verdeckung getestet werden. Dies sollte man bei den hidden-line-Algorithmen berücksichtigen, um die Rechenzeit abzukürzen.

In Abschnitt 5.3 haben wir die Fenster des Hauses durch Polygone realisiert, die in geringem Abstand "vor der Hauswand schweben". Beim Spielen mit dem Programm robl ist Ihnen vielleicht schon aufgefallen, daß dieses Verfahren nicht immer ganz sauber funktioniert. Durch Rundungsfehler bei der Berechnung der verdeckten Linien kann es passieren, daß ein Teil des Fensters durch die dahinter (!) liegende Hauswand "verdeckt" wird. Diesen unschönen Effekt kann man vermeiden, indem man (wieder durch eine Ergänzung der Variablen Pol) ein Polygon (die Hauswand) bezeichnet, gegen das das Fenster beim hidden-line-Algorithmus nicht getestet werden soll. (Das spart zusätzlich Rechenzeit.)

7.3 Projekte für die Schule

Computergraphik - angesiedelt an der Schnittstelle von Mathematik und Informatik - ist ein für beide Fächer reizvolles Projektthema:

Es zeigt (im wahrsten Sinne des Wortes) die unmittelbare Anwendbarkeit der mathematischen Teilgebiete Analytische Geometrie und Lineare Algebra. Der Einsatz des Rechners ist dabei eine sinnvolle Ergänzung des theoretischen Unterrichts, weil man hierdurch auch umfangreichere Probleme lösen kann, die man ansonsten wegen der langwierigen und langweiligen Berechnungen gar nicht erst angehen würde. Dies ist ähnlich wie etwa bei Iterationsverfahren aus dem Bereich der Analysis, deren

Wirkungsweise man ja auch erst mit dem Computer in vernünftiger Weise demonstrieren kann.

Als Projektthema in der Informatik liefert Computergraphik vor allem viele Beispiele für den sinnvollen Einsatz fortgeschrittener Programm- und Datenstrukturen. Eine Realisierung der Verfahren zur Unterdrückung der verdeckten Linien wäre etwa ohne die Möglichkeit des rekursiven Prozeduraufrufs äußerst mühsam. Die Verwendung von Zeigervariablen bietet sich an vielen Stellen sowohl zur Einsparung von Speicherplatz als auch zur Implementierung spezieller Verfahren an. Die Frage des Rechenzeitbedarfs verschiedener Algorithmen läßt sich an Beispielen aus der Computergraphik sehr schön diskutieren (und praktisch erproben).

Wie Sie bereits in den vorhergehenden Kapiteln gesehen haben, benötigt man für Computergraphik recht umfangreiche Programme. Die arbeitsteilige Erstellung einzelner Programmteile durch verschiedene Arbeitsgruppen ist deswegen zwingend notwendig (...und das ist ja auch ein wesentliches Lernziel bei einem Informatikprojekt).

Natürlich muß man auch die jeweils vorhandenen mathematischen Vorkenntnisse berücksichtigen. Wir haben in diesem Buch viele Sachverhalte mit Hilfe von Matrizen dargestellt, da man auch kompliziertere Rechnungen damit knapp und übersichtlich beschreiben kann. Außerdem glauben (hoffen?) wir, daß man die Grundzüge der Matrizenrechnung an Hand des stufenweisen Aufbaus über das Skalarprodukt (Abschnitt 2.3) einigermaßen leicht erlernen kann. Im Schulunterricht werden Matrizen aber oft nur stiefmütterlich behandelt. Computergraphische Verfahren sollten dann natürlich auch ohne Matrizen dargestellt werden, was zumindest bei den einfacheren Verfahren ohne weiteres möglich ist.

Die folgenden Projektvorschläge berücksichtigen diese Beschränkungen. Sie sind teilweise bereits praktisch erprobt worden. Wir beginnen mit einfachen Projekten und steigern den Schwierigkeitsgrad allmählich.

2D-Graphik (Kapitel 2) ist ein hübsches Thema für den Informatikunterricht (u.U. bereits in der Sekundarstufe I). Die Abbildungen aus den Abschnitten 2.3 und 2.4 lassen sich ebensogut ohne Matrizen darstellen - wir haben sie lediglich als einfache Beispiele zur Einführung der Matrizenrechnung benutzt. Funktionen kommerzieller CAD-Systeme, wie z.B. die Betrachtung von Ausschnitten einer größeren Zeichnung (Zooming) kann man hier bereits demonstrieren. Eine andere Anwendung ist die iterative Konstruktion von Figuren. Ausgangspunkt der Figuren 76/77 ist ein Quadrat. Die weiteren Quadrate erhält man jeweils dadurch, daß man die Kanten des vorhergehenden Quadrats in einem festen Teilverhältnis unterteilt. Die Bilder lassen den Verdacht aufkommen, daß die Ecken der Quadrate wohl auf irgendwelchen Kurven liegen...

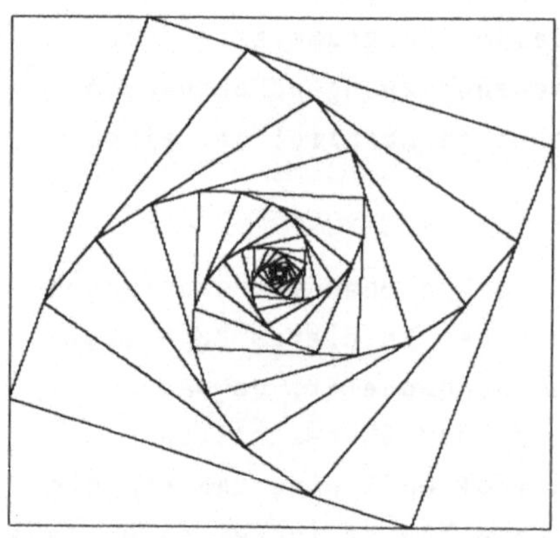

Figur 76

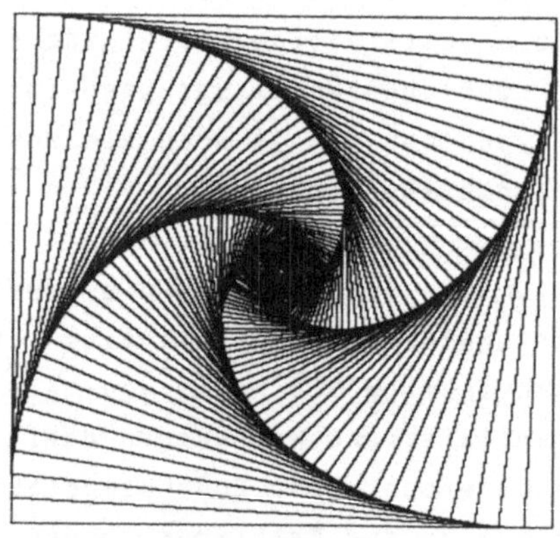

Figur 77

3-dimensionales Zeichnen wird im Schulunterricht oft konstruktiv eingeführt: Man gibt die Bilder der Einheitsvektoren in den drei Koordinatenrichtungen als Dreibein in der Zeichenebene vor und konstruiert das Bild eines Punktes wie am Ende von Abschnitt 4.2 angedeutet. (Der Satz von Pohlke wird hierbei meist nicht problematisiert.) Diese Konstruktionsvorschrift kann man direkt in ein Programm umsetzen und so die explizite Behandlung von Parallelprojektionen umgehen.

Grundlage für die Auswahl der Projektionen in unseren Programmen ist die "Blickrichtung", aus der wir ein (im Weltkoordinatensystem) fest vorgegebenes Objekt betrachten. Durch einen Wechsel des Koordinatensystems (Bildkoordinatensystem) führen wir die Projektion auf den Fall einer Orthogonalprojektion auf die x,y-Ebene zurück. Dieses Konzept führt zu bedienungsfreundlichen Programmen - man muß nur die Blickrichtung wählen. Der Wechsel des Koordinatensystems ist jedoch anschaulich etwas schwer zu verstehen. Einfacher ist es, nur eine feste Projektion (am besten die Orthogonalprojektion auf die x,y-Ebene) zuzulassen, und stattdessen das Objekt zu drehen. Man benötigt dann auch keine Matrixinversion (vgl. Abschnitte 4.1 und 4.2). Ein Projekt auf dieser Grundlage, das auch die Unterdrückung der verdeckten Linien für konvexe Polytope (Abschnitt 6.1) einschließt, ist ohne weiteres durchführbar. Die Prozeduren aus Kapitel 5, die die platonischen Körper etc. erzeugen, müssen hierfür so erweitert werden, daß man die Objekte drehen kann.

Um die Unterdrückung der verdeckten Linien auch bei nicht konvexen Objekten zu studieren, ist der Algorithmus von Warnock (Abschnitt 6.3) sehr gut geeignet, denn er

- erfordert im wesentlichen nur Berechnungen in der Ebene, ist also mathematisch nicht allzu anspruchsvoll.

- demonstriert sehr anschaulich die Wirkungsweise rekursiver Programmierung.

- erlaubt Experimente (z.B. mit unterschiedlichen Abbruchbedingungen).

Hidden-line-verfahren, die direkt die Endpunkte der sichtbaren Teile einer Kante berechnen, wie der Algorithmus von Roberts (zusammen mit seinen diversen Vortests), sind dem Verfahren von Warnock überlegen - sie liefern bessere Bilder in kürzerer Rechenzeit. Dies trifft zumindest für die in diesem Buch betrachtete Situation zu: Implementierung der Verfahren in einer höheren Programmiersprache auf einem Mikrocomputer; graphische

Szenen mit bis zu 1000 Polygonen. Das Verfahren von Roberts (Berechnung verdeckter Linien durch Lösung von LP-Problemen) ist allerdings mathematisch recht aufwendig. Die in Abschnitt 6.4 vorgeschlagene vereinfachte Version, die nur Analytische Geometrie in der Ebene erfordert, ist für ein Projekt wohl besser geeignet.

Die Programmierung von Lösungsverfahren für das hidden-line-problem, die über den konvexen Fall hinausgehen, ist in jedem Fall eine umfangreiche und zeitraubende Aufgabe. Will man diese Zeit nicht in das Thema Computergraphik investieren, bietet sich als Alternative die Arbeit mit fertigen Programmen. Das können etwa Programme sein, die Schüler vorhergehender Jahrgänge geschrieben haben, oder auch Programme aus diesem Buch.

Die Grundzüge des Algorithmus von Warnock sind z.B. schnell erklärt. Anschließend kann man mit den Programmen aus Abschnitt 6.3 Experimente anstellen, wie sich verschiedene Abbruchbedingungen auswirken. Man muß dazu nur die Funktion einfach (S. 169) abändern. Ein anderes Thema wäre die Analyse der Programmverbesserungen, die wir in Abschnitt 7.1 vorgeschlagen haben. Sie lassen sich durch leichte Abänderungen der Programme aus Abschnitt 6.2 realisieren.

Die Arbeit mit Fremdprogrammen ist natürlich nicht immer problemlos, wenn etwa der modulare Programmaufbau zu wünschen übrig läßt, Kommentare fehlen oder gar "tricky programming" angewendet wurde. Solche Schwierigkeiten sind aber auch ganz lehrreiche Erfahrungen - was kann wohl ein Fremder mit den Programmen anfangen, die man selbst so schreibt...

8. Ausblicke

In diesem Buch haben wir die computergraphische Darstellung von Objekten, die aus ebenen, konvexen Polygonen aufgebaut sind, ausführlich behandelt. Das ist ein wichtiger Ausschnitt aus dem großen Gebiet der Computergraphik - aber eben nur ein Ausschnitt. In einem abschließenden Kapitel möchten wir Ihnen deshalb noch zwei andere Teilgebiete der Computergraphik vorstellen, die wir für besonders wichtig halten.

8.1 Rastergraphik

Im Gegensatz zur Strichgraphik, bei der nur die Ränder der Objekte (z.B. Polygone) gezeichnet werden, stellt die Rastergraphik die Objekte durch (in verschiedenen Farben) vollständig ausgemalte Flächen dar. Mit dieser Darstellungsweise erhält man sehr realistisch aussehende Bilder, die sich gut für Werbungszwecke oder für Simulationen eignen. Rastergraphik hat allerdings einen erheblich höheren Bedarf an Speicherplatz und Rechenzeit als Strichgraphik, denn es muß ja eine sehr große Anzahl einzelner Bildpunkte behandelt (auf Verdeckung getestet, eingefärbt etc.) werden. Anspruchsvolle Rastergraphik, wie etwa die Signets der Fernsehanstalten, bei denen u.a. Schatten und Lichtreflexe simuliert werden, kann deshalb auch heute nur auf Großrechnern hergestellt werden (und ist extrem teuer).

Beispiele für (gar nicht so) einfache Rastergraphik auf Mikrocomputern findet man bei den Videospielen. Mit zunehmender Speicherkapazität wird die Rastergraphik in den nächsten Jahren schnell weiter in den Bereich mittlerer und kleiner Rechner vordringen. Diese Form der Computergraphik stellt eine Reihe von Problemen, mit denen wir es bei der Strichgraphik noch nicht oder in anderer Form zu tun hatten, wie etwa:

- schnelles Ausmalen eines Polygons mit einer Farbe.

- Unterdrückung verdeckter Bildteile.

- Erzielung von "räumlicher Tiefe".

Das Ausmalen eines Polygons ist ein Problem, das wir schon beim "elektronischen Radiergummi" für den Maler-Algorithmus in Abschnitt 6.4 kennengelernt haben. Man löst es meist durch "zeilenweise Abtastung", d.h. man malt das Polygon Bildschirmzeile für Bildschirmzeile mit Strecken in der gewünschten Farbe aus. In Figur 78 sehen Sie, wie man die Endpunkte einer solchen Strecke durch einfache Additionen aus den entsprechenden Endpunkten in der vorhergehenden Bildschirmzeile erhält - man muß sich nur vorher die Steigungen dy_1/dx_1 und dy_2/dx_2 der beteiligten Polygonkanten ausrechnen.

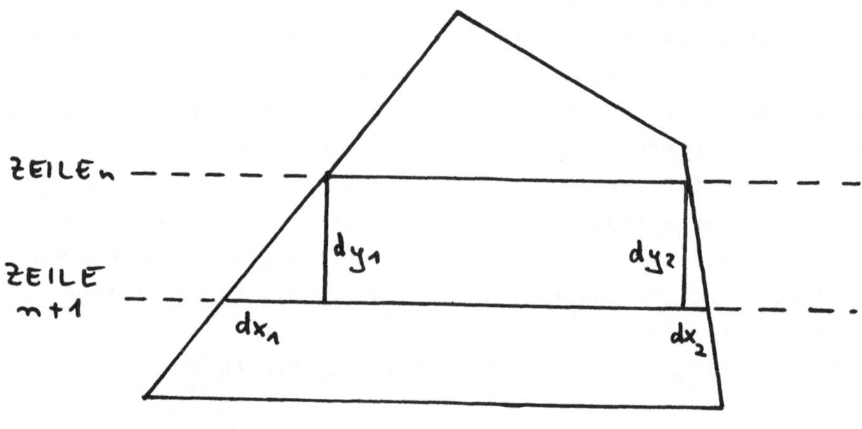

Figur 78

Die Unterdrückung der verdeckten Bildteile tritt bei der Rastergraphik nicht als "Problem der verdeckten Linien" auf, sondern als "Problem der verdeckten Flächen" (hidden-surface-problem). Mit dem Maler-Algorithmus haben wir in Abschnitt 6.4 bereits ein Verfahren zur Lösung dieses Problems kennengelernt. Auch das Verfahren von Warnock (Abschnitt 6.2) läßt sich leicht zu einem hidden-surface-Verfahren modifizieren. Anstatt nur die Polygonkanten an den Rändern des Fensters zu clippen, muß man die gesamte Fläche des Polygons dort abschneiden. Der Algorithmus von Roberts aus Abschnitt 6.2 ist dagegen ein Beispiel für ein reines hidden-line-Verfahren. In [12] werden weitere hidden-surface-Verfahren für Rastergraphik behandelt.

Bei Strichgraphik wird der Eindruck räumlicher Tiefe durch die Unterdrückung der verdeckten Linien erreicht. Bei Rastergraphik reicht dies nicht aus. Stellen Sie sich etwa eine Szene aus verschiedenen einfarbigen Kugeln vor (Poolbillard). In Rastergraphik nach einem der obigen Verfahren sähe das wie eine Ansammlung von platten Kreisscheiben aus. Die Rundung der Kugeln wäre nicht sichtbar. Diesem Mangel hilft man durch Simulation einer Beleuchtung der Szene durch eine Lichtquelle ab.

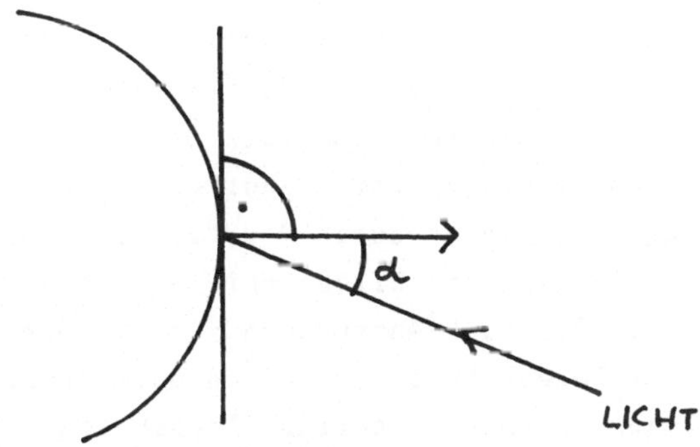

Figur 79

Ein einfaches Modell simuliert die Beleuchtung von "stumpfen", also nicht glänzenden, Flächen durch parallele Lichtstrahlen aus einer festen Richtung. Die Lichtenergie E, die von einem Punkt der Fläche reflektiert wird, ist dabei durch die Formel

$$E = R \cos \alpha$$

gegeben. R ist ein Reflexionskoeffizient, der angibt, welchen Anteil des eingestrahlten Lichts die Oberfläche reflektiert. Der Wert R=0 beschreibt also z.B. eine mattschwarze Fläche, die alles Licht absorbiert. α ist der Winkel zwischen der Richtung der

Lichtstrahlen und der Flächennormalen, also dem Normalenvektor einer Tangentialebene an die Fläche in diesem Punkt. Figur 79 zeigt α im Fall einer Kugel. Die Modellannahme ist, daß umso mehr Licht reflektiert wird, je steiler die Lichtstrahlen auf die Fläche treffen. Bei tangentialem Lichteinfall, $\alpha=90°$ ("Streiflicht"), wird überhaupt nichts reflektiert.

In besseren Farbgraphiksystemen stehen neben verschiedenen Farben auch "Intensitätsstufen" (von "blaß" bis "kräftig") für die Einfärbung eines Bildpunktes zur Verfügung. Regelt man die Intensität nach der obigen Formel - großer Wert von E bedeutet kräftige Einfärbung, so erhält man bereits recht realistische Darstellungen gekrümmter Objekte mit matter Oberfläche.

Billardkugeln sind allerdings lackiert. Sie erzeugen deshalb zusätzliche eng begrenzte Lichtreflexe, die - im Gegensatz zum obigen Modell - nicht nur von der Position der Lichtquelle, sondern auch von der Blickrichtung des Betrachters abhängen. Diesen Effekt kann man durch eine ähnliche Formel simulieren. Die Effekte überlagert man dann durch Addition der Intensitäten aus beiden Formeln. Details und Bildbeispiele hierzu finden Sie in [12]. Dort können Sie auch Anregungen für die Simulation weiterer Bildeffekte, wie Beleuchtung durch eine punktförmige Lichtquelle, Schattenwurf oder halbdurchsichtige Flächen, nachlesen.

Das einfache Beleuchtungsmodell, das durch $E = R \cos \alpha$ beschrieben wird, kann man auch dazu benutzen, um runde Objekte, die man durch Polygone approximiert hat, wie etwa die Weltkugel in Figur 50, nachträglich "abzurunden". Bildet man ein aus ebenen Polygonen zusammengesetztes Objekt nach diesem Beleuchtungsmodell etwa in der Farbe grau in verschiedenen Graustufen ab, so erhalten alle Bildpunkte eines Polgons die gleiche Graustufe, denn man hat ja überall die gleiche Flächennormale, nämlich den Normalenvektor des Polygons. Das Ergebnis ist ein Bild, dem man den Aufbau aus (in verschiedenen Graustufen eingefärbten) Polygonen deutlich ansieht.

Eine "Abrundung" des Objekts erreicht man nun dadurch, daß man die Graustufen nicht für alle Punkte eines Polygons P gleich wählt, sondern nach folgendem Schema interpoliert:

1. An jeder Ecke **a** von P bildet man den Durchschnitt E_a der Graustufen aller Polygone, die in **a** zusammenstoßen. Mit dieser (neuen) Graustufe färbt man **a** ein.

2. Die Graustufe eines Punktes $\mathbf{x} = t\mathbf{a} + (1-t)\mathbf{b}$ einer Kante [**a**,**b**] des Polygons interpoliert man linear:
$E_x = tE_a + (1-t)E_b$.

3. Die Graustufe für einen inneren Punkt **x** des Polygons interpoliert man linear längs der Strecke [**a**′,**b**′] gemäß Figur 80.

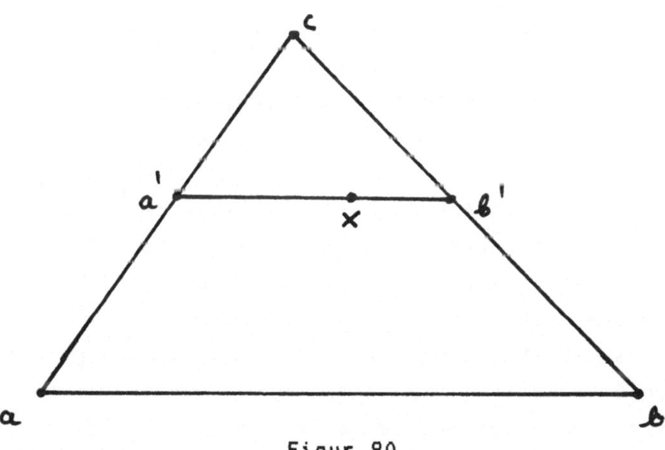

Figur 80

Dies ist das Schattierungsverfahren von Phong. In [12] können Sie an Bildbeispielen die verblüffend gute Wirkung sehen.

Zum Abschluß dieses Abschnitts merken wir an, daß trotz der faszinierenden Möglichkeiten der Rastergraphik die Strichgraphik bei wissenschaftlichen und technischen Anwendungen auch in Zukunft ihren Platz behalten wird. Einen Funktionsgraphen kann man sich meist an Hand eines Gitternetzes besser vorstellen als mit einer noch so raffinierten Rastergraphik. Für die Konstruktion technischer Bauteile trifft das ebenfalls oft zu. Man wird hier also ein Nebeneinander dieser beiden Graphikarten haben, Rastergraphiken für realistische Darstellungen, z.B. für Präsentationszwecke, Strichgraphiken für spezielle technische und wissenschaftliche Anwendungen.

8.2 Interaktive Erzeugung gekrümmter Flächen

Beim Entwurf von Autokarosserien oder Flugzeugteilen muß man gekrümmte Flächen computergraphisch behandeln. Solche Flächen lassen sich durch Gleichungen für die x-, y- und z-Koordinaten der Flächenpunkte beschreiben, ähnlich wie die Funktionsgraphen in Abschnitt 5.4. Beispielsweise wird durch die Gleichung $x^2 + y^2 + z^2 = 1$ die Oberfläche einer Kugel mit Radius 1 und dem Koordinatenursprung als Mittelpunkt beschrieben. Zur Konstruktion komplizierterer Flächen kann man sich aus zwei Gründen nicht auf das "Erraten" einer passenden Flächengleichung verlassen:

Zunächst einmal ist es gar nicht so einfach, eine Gleichung zu finden, die einen brauchbaren Kotflügel oder gar eine ganze Autokarosserie beschreibt. Wenn man eine solche Gleichung hat, hilft einem das auch noch nicht viel weiter, denn in aller Regel wird einem das konstruierte Auto noch nicht völlig gefallen. Dann muß man den Entwurf in einem interaktiven Konstruktionsprozeß weiterentwickeln. Dabei möchte man einzelne Details des Entwurfs verändern, ohne daß weit entfernte Teile von dieser Änderung betroffen werden. (Wenn man die vorderen Kotflügel neu stylt, soll die Heckpartie sich nicht mit verändern.) Die meisten Flächengleichungen sind für einen solchen interaktiven Konstruktionsprozess aus zwei Gründen ungeeignet:

1. Eine Änderung der Gleichung (etwa durch Änderung von Koeffizienten) führt meist zu schwer überschaubaren Änderungen in der Geometrie der Fläche. Gezielte konstruktive Veränderungen sind hierdurch nicht möglich.

2. In den meisten Fällen bewirken Änderungen an der Gleichung globale Änderungen der Fläche. Man kann die Konstruktion also nicht an bestimmten Stellen verändern, ohne jeweils das gesamte Objekt zu beeinflussen.

Man benötigt also systematische Verfahren zur Konstruktion geeigneter Flächen(-gleichungen). Diese Verfahren bzw. die daraus resultierenden Gleichungen müssen die beiden obigen Nachteile vermeiden. Die Flächen müssen sich also durch möglichst wenige Eingaben in den Computer definieren und manipulieren lassen - und diese Eingaben sollen eine anschauliche Beziehung zur Geometrie der Fläche haben. Außerdem sollen lokale Änderungen der Konstruktion möglich sein, die nicht die gesamte Fläche beeinflussen.

Die Mathematik stellt hier mit den Spline-Funktionen ein geeignetes Werkzeug zur Verfügung. Splines sind, grob gesagt, Kurven, die aus sehr einfachen Kurvenstücken (Polynomen) zusammengesetzt sind. Der Witz dabei ist, daß die Kurvenstücke so aneinandergesetzt werden, daß die Übergänge glatt sind, dort also keine Brüche oder Ecken in der Kurve auftreten. Der Einsatz von Spline-Methoden in der Computergraphik ist schon recht alt. Bereits 1962 entwickelte P. Bezier auf dieser Basis das CAD-System UNISURF für Renault. Heute ist dieses Gebiet so groß, daß es sogar eine eigene Zeitschrift dafür gibt: Computer Aided Geometric Design.

Für eine (auch nur skizzenhafte) Darstellung der Spline-Methoden in der Computergraphik fehlt uns hier leider der Platz. Wir beschränken uns deshalb auf zwei Bilder, an denen wir einige Grundprinzipien eines solchen Verfahrens aufzeigen. In [5] finden Sie eine relativ einfach zu lesende Einführung in das Thema, in dem Überblicksartikel von Böhm, Farin und Kahmann [2] können Sie sich über den (nahezu) neuesten Stand der Entwicklung informieren.

Den wesentlichen Teil der Arbeit bei der Konstruktion von Flächen im Raum kann man bereits durch Konstruktion von Kurven in der Ebene leisten:

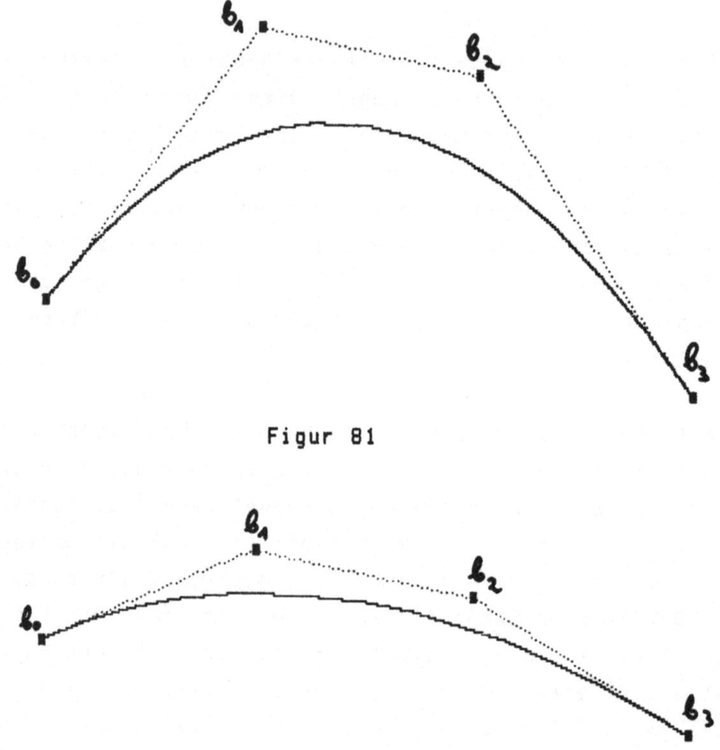

Figur 81

Figur 82

Die Figuren 81 und 82 zeigen *Bezierkurven* 3. Ordnung. Sie werden durch Polynome 3. Grades (die wir Ihnen nicht verraten) beschrieben. Bei der interaktiven Konstruktion mit dem Computer wird die Kurve durch Eingabe der vier Punkte $\mathbf{b}_0,\ldots,\mathbf{b}_3$ festgelegt. Diese Punkte heißen *Kontroll*- oder *Bezierpunkte*, der von Ihnen gebildete Polygonzug heißt *Bezierpolygon*. Die Geometrie der Bezierkurve hängt eng mit den Bezierpunkten zusammen:

1. Die Kurve läuft durch die beiden Punkte $\mathbf{b}_0$ und $\mathbf{b}_3$.

2. Die Kurve liegt ganz in dem Viereck, das von den Bezierpunkten gebildet wird.

3. Die erste und letzte Kante des Bezierpolygons sind Tangenten an die Kurve (im Anfangs- bzw. Endpunkt).

Der Vergleich der Figuren 81 und 82 zeigt, wie man (unter Ausnutzung dieser drei Eigenschaften) Bezierkurven interaktiv verändern kann. Z.B. liefert die Eingabe eines flacheren, weniger gekrümmten Bezierpolygons eine flachere, weniger gekrümmte Bezierkurve.

Die beiden simplen Bilder sind zwar noch weit von einer Autokarosserie oder einem Flugzeug entfernt, zeigen aber bereits das wesentliche Grundprinzip für die Konstruktion solcher Objekte: Aus Bezierkurven kann man durch eine relativ einfache Formel die Gleichungen von Flächen im Raum erhalten - den Bezierflächen. Die Bezierflächen werden durch Bezierpunkte definiert, wobei wieder ähnliche geometrische Beziehungen zwischen Bezierpunkten und -flächen gelten wie im Fall der Kurven. Durch Änderung der Bezierpunkte kann man damit die Bezierflächen gezielt manipulieren, und auf diese Weise etwa verschieden gekrümmte Kotflügel entwerfen.

Programmverzeichnis

In der folgenden übersicht werden die einzelnen Programme bzw. Programmpakete noch einmal in Kurzform beschrieben und die Seiten angegeben, auf denen die Listings zu finden sind. Die Prozeduren eines Pakets müssen jeweils in der angegebenen Reihenfolge eingegeben werden.

D2Pak1

Inhalt: Prozeduren zur 2D-Graphik
Voraussetzungen: keine
Globale Konstanten/Typen/Variable: S.26
Prozeduren/Funktionen: KonvPktVkt 30, KonvVektPkt 30, VektDiff 31, SkalProd 31, Laenge 31, MatVekt, 38, Bogen 31, D2Loesch 27, D2PktEin 27, StrkEin 27, SetzFenster 47, SetzBild 46, StandardFensterBild 54, ClipStrecke 57, Zeichne 48, ZeichneStrecke 51, Rahmen 52

D2Pak2

Inhalt: Prozeduren zur 2D-Graphik zur Verwendung mit D3Pak1
Voraussetzungen: keine
Globale Konstanten/Typen/Variable: wie D2Pak1, aber Konstante MaxStrkZahl, Typ StrkTyp und Variable Strk, StrkZahl nicht mehr vorhanden
Prozeduren/Funktionen: wie D2Pak1, aber Prozeduren StrkEin, ZeichneStrecke und ZeichneBild nicht mehr vorhanden

D3Pak1

Inhalt: Grundprozeduren zur 3D-Graphik
Voraussetzungen: D2Pak2
Globale Konstanten/Typen/Variable: S.67
Prozeduren/Funktionen: VektProd 65, D3Loesch 69, D3PktEin 69, PolEin 69, ein 69, OrthMat 82, OrthProj 82, Zentproj 96, SichtTest 129, FarbReset 130, ZeichneBild 70

D3Pak2

Inhalt: Prozeduren zur Unterdrückung der verdeckten Linien (Algorithmus von Roberts)
Voraussetzungen: D2Pak2, D3Pak1
Globale Konstanten/Typen/Variable: S.141
Prozeduren/Funktionen: InPol 149, UeberLapp 151, SichtTeil 141, Roberts 146, HiddenLine 145

D3Pak3

Inhalt: Prozeduren zur Unterdrückung der verdeckten Linien (Algorithmus von Warnock)
Voraussetzungen: D2Pak2, D3Pak1
Globale Konstanten/Typen/Variable: S.163
Prozeduren/Funktionen: UpDate 163, einfach 169, Warnock 170

Konv1

Inhalt: Prozeduren zur Erzeugung der platonischen Körper
Voraussetzungen: D2Pak2, D3Pak1
Globale Konstanten/Typen/Variable: keine
Prozeduren/Funktionen: MachTetraeder 104, MachWuerfel 103 MachOktaeder 105, MachIkosaeder 107, MachDodekaeder 108

Rot1

Inhalt: Prozedur zur Erzeugung von Rotationskörpern
Globale Konstanten/Typen/Variable: S.111
Prozeduren/Funktionen: Rot1 111

Rot2

Inhalt: Prozedur zur Erzeugung eines Rotationstorus
Voraussetzungen: D2Pak2, D3Pak1
Globale Konstanten/Typen/Variable: wie Rot1
Prozeduren/Funktionen: Rot2 115, QuerSchnitt 116

Haus1

Inhalt: Prozedur zur Erzeugung eines Hauses
Voraussetzungen: D2Pak2, D3Pak1
Globale Konstanten/Typen/Variable: keine
Prozeduren/Funktionen: haus1 118

Funkt1

Inhalt: Prozeduren zur Erzeugung eines Funktionsgraphen
Voraussetzungen: D2Pak2, D3Pak1
Globale Konstanten/Typen/Variable: keine
Prozeduren/Funktionen: f 122, Netz 121, FunktWert 122

Elefant

Inhalt: Programm zeichnet einen Elefanten
Voraussetzungen: D2Pak1
Programm/Prozeduren: Elef1 28, Elefant 29

Superfant

Inhalt: Programm zeichnet bewegliche Elefanten
Voraussetzungen: D2Pak1
Programm/Prozeduren: Elef2 42, Superfant 44

RotKoerp

Inhalt: Programm zeichnet Rotationskörper (Entwurf von Vasen, Pokalen, Gläsern etc.)
Voraussetzungen: D2Pak2, D3Pak1, D3Pak2, Rot1
Programm/Prozeduren: RotKoerp 112

Rob1

Inhalt: Demonstrationsprogramm für den Roberts-Algorithmus; zeichnet Rotationstori, Häuser, platonische Körper und Funktionsgraphen
Voraussetzungen: D2Pak2, D3Pak1, D3Pak2, Rot2, Haus1, Konv1, Funkt1
Bemerkung: Programm läßt sich zu Demonstrationsprogramm für den Warnock-Algorithmus modifizieren: D3Pak3 statt D3Pak2 und auf S.171f beschriebene Änderungen

Literaturverzeichnis

[1] Angell, I. O.: Graphische Datenverarbeitung. München/Wien: Hanser 1983

[2] Böhm, J.; Farin, G.; Kahmann, J.: A survey of curve and surface methods in CAGD. Computer Aided Geometric Design 1 (1984) 1-60

[3] Collatz, L.; Wetterling, W.: Optimierungsaufgaben. Berlin/Heidelberg/New York: Springer 1971

[4] Erbs, H.-E.; Stolz, O.: Einführung in die Programmierung mit PASCAL. Stuttgart: Teubner 1982

[5] Faux, I. D.; Pratt, M. J.: Computational Geometry for Design and Manufacture. Chichester: Ellis Horwood 1979

[6] Giering, O.; Seybold, H.: Konstruktive Ingenieurgeometrie. München/Wien: Hanser 1979

[7] Glaeser, G.: 3D-Programmierung mit BASIC. Stuttgart: Teubner 1986

[8] Gorny, P.; Viereck, A.: Interaktive graphische Datenverarbeitung. Stuttgart: Teubner 1984

[9] Jehle, F.; Spremann, K.; Zeitler, H.: Lineare Geometrie. München: Bayerischer Schulbuch-Verlag 1978

[10] Kuypers, W.; Lauter, J. (Hrsg.): Mathematik Sekundarstufe II - Analytische Geometrie. Düsseldorf: Schwann-Bagel 1986

[11] Martin, G. E.: Transformation Geometry. New York/Heidelberg/Berlin: Springer 1982

[12] Newman, W. M.; Sproull, R. F.: Principles of Interactive Computer Graphics. New York: McGraw-Hill 1979

[13] Otto, A.: Analysis mit dem Computer. Stuttgart: Teubner 1985

[14] Wirth, N.: Algorithmen und Datenstrukturen. Stuttgart: Teubner 1983

Stichwortverzeichnis

I

K

L

M

N

O

P

MikroComputer-Praxis
DISKETTEN

Lehmann: **Projektarbeit im Informatikunterricht**
Entwicklung von Softwarepaketen und Realisierung im PASCAL
Projekt „ZINSY“ (Zeitschriften-Informationssystem)
Diskette für Apple II; UCSD-PASCAL DM 46,–*
Diskette für IBM-PC u. kompatible; TURBO-PASCAL DM 46,–*
Projekt „Mucho“ (Multiple Choice-Test)
Diskette für Apple II; UCSD-PASCAL DM 46,–*
Diskette für IBM-PC u. kompatible; TURBO-PASCAL DM 46,–*

Mehl/Nold: **dBASE III Plus in 100 Beispielen**
Diskette für IBM-PC u. kompatible; dBASE III Plus i. Vorb.

Menzel: **BASIC in 100 Beispielen**
Diskette für Apple II; DOS 3.3 DM 42,–*
Buch mit Beilage Diskette für CBM-Floppy 8050, 8250 DM 62,–
Diskette für C 64 / VC 1541; CBM-Floppy 2031, 4040 DM 42,–*

Menzel: **Dateiverarbeitung mit BASIC**
Diskette für Apple II; DOS 3.3 bzw. CP/M DM 48,–*
Diskette für C 64 / VC 1541; CBM-Floppy 2031, 4040; bzw. für CBM 8032, CBM-Floppy 8050, 8250 DM 48,–*

Menzel: **LOGO in 100 Beispielen**
Diskette für Apple II; MIT-LOGO, dt. IWT-Version DM 42,–*
Diskette für C 64 / VC 1541; CBM-Floppy 2031, 4040 DM 42,–*

Mittelbach: **Simulationen in BASIC**
Diskette für Apple II; DOS 3.3 DM 46,–*
Diskette für C 64 / VC 1541; CBM-Floppy 2031, 4040 DM 46,–*
Diskette für CBM 8032, CBM-Floppy 8050, 8250 DM 46,–*

Mittelbach/Wermuth: **TURBO-PASCAL aus der Praxis**
Diskette für IBM-PC u. kompatible; TURBO-PASCAL DM 42,–*

Nievergelt/Ventura: **Die Gestaltung interaktiver Programme**
Buch mit Beilage Diskette für Apple II; UCSD-PASCAL DM 62,–

Ottmann/Schrapp/Widmayer: **PASCAL in 100 Beispielen**
Diskette für Apple II; UCSD-PASCAL DM 48,–*

Die vorstehenden Disketten enthalten die Programm- bzw. Beispielsammlungen der gleichnamigen zugehörigen Bücher, wobei Verbesserungen oder vergleichbare Änderungen vorbehalten sind.

* = Unverbindliche Preisempfehlung

Preisänderungen vorbehalten

B. G. Teubner Stuttgart